과학자의 글쓰기 1

컨테이너에 들어간 식물학자

식물공장에서 항체 의약품 만들기

최성화

* 본문에 나오는 과학적 내용을 좀더 자세하게 알고 싶다면 책 뒤의 참고 문헌을 참조.

I

프롤로그
과학자가 글을 내는 이유

'과학자들, 식물에서 항체를 기르다', 산드라 블레이크슬리, 『뉴욕타임즈』, 1989.11.07.
『Scientists Grow Antibody in Plants, Sandra Blakeslee』 *New York Times*, 1989.11.07.

……질병을 진단하고 치료하는 약으로 광범위하게 사용되는 중요한 단백질인 '단일클론항체'를 식물에서 길러 사용하는 기술을 과학자들이 개발해오고 있다. 현재 쥐(Mouse)에서 만드는 단일클론항체는 가격이 비싸고, 환자들에게 면역거부반응을 일으키기도 한다.

식물에서 단일클론항체를 만드는 기술을 개발하고 있는 분자생물학자 앤드류 하이엇(Andrew Hiatt, Scripps Reserch Clinic and Foundation 소속)은 "새로운 기술로 식물에서 인간화된 단일클론항체를 생산하면 면역거부반응이 없다. 또한 현재 단일클론항체 1g 생산에 5,000달러 정도를 쓰지만, 새로운 기술을 이용하면 10센트까지 낮출 수 있을 것으로 기대한다."라고 말했다. 관련 내용은 『네이처(*Nature*)』에 소개되었다.

단일클론항체를 만들려면 먼저 사람의 암세포 유래 단백질이나 바이러스 등의 물질을 쥐에 주입한다. 쥐의 면역 체계는 외부에서 온 물질을 자신을 공격하는 항원 물질로 인식한다. 이를 물리치기 위해 항원에 결합하는 항체를 만드는데, 쥐의 면역 체계는 외부 물질을 없애기 위해 면역세포를 동원한다. 쥐가 새롭게 만든 항체의 유전자는 세포주에 융합해 들어간다.

암세포는 무한하게 성장하는 성질이 있어, 쥐가 새로 만들어낸 항체도 함께 늘어난다. 이렇게 만들어진 항체는 분리정제 공정을 거쳐 항암 의약품으로 사용되는데, 이때 암을 치료하는 소분자 물질이나 다른 항체를 결합시켜 더 강력한 항암제로 사용하기도 한다. ……

앤드류 하이엇은 그동안 과학자들이 쥐에서 항체를 만들어왔던 방법으로 식물에서 항체를 만든다고 설명했다. 암세포에 항체를 융합시키는 대신 항체를 만드는 유전자를 복제하고, 유전자가 식물 세포에 쉽게 들어갈 수 있도록 특정 박테리아를 활용한다……

『뉴욕타임즈』에는 전문가들이 읽는 논문 수준의 과학 기사가 실릴 때가 있다. 독자들은 그런 기사를 읽고, 이해하며, 비평도 한다. 우리는 아직 그렇게까지 못 한다. 남들은 하는데 우리가 못하는 이유를, 뭉뚱그려 교육 탓으로 돌리는 것은 나쁜 습관이다. 그럼에도 과학 교육에 대한 저변이 우리와 다른 것만은 인정할 수밖에 없다.

나는 식물학 교수다. 내가 가르치는 학교에서 전공과 관계없이 들을 수 있는 생명과학 수업을 하나 개설했다. '식물과 생활'이라는 수업인데, 수업을 꾸려가다 보면 놀랄 때가 많다. 많을 때는 100명 가까이 수업을 듣기도 하는데, 수강하는 학생들의 다양함에 우선 놀란다. 법대, 경영대, 미대, 음대, 체육대에서 '식물과 생활'이라는 제목만 보고 학생들이 찾아온다. 과학이 궁금해 대중이 몰려오면 과학자는 흥분하기 마련이다. 흥분을 잘 하는 나는, '교양 과학 수업은 교실에서 벗어나야 할 때가 있어!'라고 외치며 전세버스를 빌린다. 학생들과 식물원에 가기 위함이다. 나를 비롯해 참여하는 학생들의 일정을 평일에는 맞출 수 없어 주말을 이용하는데 참여율이 높다. 바쁜 주말에 기꺼이 시간을 내 식물을 보러 가겠다고 나서는 학생들이 많다는 점에 다시 한 번 놀란다. 대중은 과학이 궁금하다.

대중이 과학을 스펀지처럼 빨아들이는 일은 학교를 벗어나도 볼 수 있다. 나는 과학자가 연구를 실생활에 적용하는 방법 가운데 '기업'이 있다고 생각해, 2014년에 작은 바이오테크 회사를 만들었다. 기업을 만드니 운영을 위해서는 투자를 받아야 했다.

그런데 당시까지만 해도 투자를 전문적으로 하는 사람들 가운데 바이오 전문가가 많지 않았다. 투자회사에서는 내가 만드는 바이오테크에 투자를 하고 싶어 했는데, 내부 결정 절차에 필요한 보고서를 쓸 수 있는 사람이 없었다. 할 수 없이 투자회사에서 일하던, 대학에서 법학을 전공한 한 실무자가 나섰다. 그 실무자가 내부 보고서를 쓰기로 하고, 나는 족집게 속성 과외 선생 노릇을 하기로 했다. 과외는 모두 세 번, 토요일로 잡았다.

아침에 만나 저녁까지 하루 종일 커피를 몇 잔씩 마셔가면서 사업의 아이디어가 되는 기본적인 과학 이론, 현재 연구 현황, 사업화할 수 있는 상용화 기술 등을 설명했다. 법대 출신 실무자는 내 설명을 듣고 질문하기를 반복하면서 투자심의위원회에 올릴 보고서를 썼다. 보고서를 투자심의위원회에서 발표하던 날, 그 실무자는 위원회에서 바이오 전문가로 인정받았다. 과학자인 사람들이 지식과 정보를 공유할 마음을 먹고 노력을 한다면, 과학자가 아닌 사람들이 과학을 받아들일 마음과 능력은 충분하다.

생명과학은 억울하다

사람들이 과학, 특히 내가 하는 생명과학을 받아들일 마음과 능력이 충분함에도 그렇게 하지 못하는 데는 교육 탓이 있다. 생명과학은 중학교와 고등학교에서 배우게끔 과정이 짜여 있다. 그런데 생명과학은 암기 과목으로 받아들여진다. 외우는 것을 좋아하는 사람들도 있지만 대부분은 싫어한다. 그러니 생명과학은 외울 것이 많은, 싫은 과목이 된다.

생명과학은 암기 과목이 아니라 스토리텔링 과목이다. 영어로 쓰인 수학 교과서는 영어가 유창하지 않아도, 수식에 익숙하다면 읽는 데 큰 어려움이 없다. 그런데 영어로 쓰인 생명과학 교과서는 다르다. 앞과 뒤를 설명해주고, 그림을 그려주고, 부분과 전체의 관계를 알려주어야 한다. 그래야 독자는 하나의 덩어리로 생명과학의 세계를 이해할 수 있다.

생명과학은 스토리텔링으로 소개하고 전체를 바라보는 눈을 가질 수 있게 가르쳐야 하는데, 이런 것들은 빠뜨리고 단순 지식만 외우게 하면 왜곡이 생긴다. 생명과학을 전공하겠다고 대학에 입학한 학생조차, 전체적인 그림을 그리지 못하고 부분적인 것들만 외우려고 하는 모습을 볼 때가 있다. '어떤 카이네이스(kinase)가 어떤 단백질을 너무 많이 인산화(phosphorylation)하면 전달 신호 스위치가 켜져서 질병의 원인이 되고……'와 같은 지식들은 제법 많이 알고 있다. 그런데 한 발자국만 벗어나면 어떻게 해야 할지를 모른다. 전체 그림을 그리고 있지 못하기 때문이고, 생명과학이 암기 과목이 되는 바람에 생기는 일이다.

생명과학을 대중에게 이야기할 때 생기는 또 다른 문제는 지나친 환원주의적 관점이다. 한 종의 생명체에서 일어나는 일을 정밀하게 알면, 그것으로부터 다른 종에서 일어나는 일도 모두 이해할 수 있을까? 한 가지 원리가 모든 것을 관통하며, 하나의 메커니즘으로 모든 것을 설명할 수 있을 것이라는 희망이다. 환원주의는 매력적이다. 그러나 생명과학에서 이런 일을 기대하고 희망하기는 힘들다. 일반화시켜 이해하기에는 각 생명체의

개성이 너무 뚜렷하다. 환원주의는 분명 매력적이지만, 개성이 가득한 다종다양한 생명체의 이야기를 한마디로 설명하기에는 아직 모르는 것이 너무 많다. 생물 관련 대화를 나누다 "다 됐고 한마디로 요약해 달라"는 사람은 싫다.

신약을 만들고 싶은 식물학자

식물에 대한 착취는 심한 편이다. 사람들은 식물을 편하게 이용한다. 동물권이 사람들 사이에서 이야기되면서, 잡아먹으려 기르는 동물의 권리에 대해서도 점점 정교해진다. 그런데 꽃을 꺾어 집에 있는 꽃병에 꽂아두는 것은 그저 아름답고 낭만적인 일이다. 개미처럼 작은 생물도 밟으면 죽을까 조심하지만, 스키장을 짓기 위해서 수백 년 된 숲은 밀어버릴 수 있다. 세부 전공으로 식물학을 하겠다고 찾아오는 학생들에게 지망한 이유를 물어보면 '생명과학을 전공하기는 했는데 동물실험을 하기 무서워서'라고 대답하는 경우가 있다. 실험용 쥐를 죽일 수 없어서 식물을 재료로 삼는 연구를 하겠다는 것이다. 동물은 생명에 좀더 가까워 보이고, 식물은 물건에 좀더 가까워 보인다.

식물을 물건으로 보면 식물을 덜 중요하게 여기게 되고, 다시 생명과학 연구에 편향이 생긴다. 의학 연구자나 신약을 개발하는 연구자는, 식물을 몰라도 되는 영역으로 받아들인다. 바이오 의약품이 기적처럼 사람의 병을 고치고, 바이오 의약품 산업이 성장할 것이라는 기대가 커지면서, 전공에 관계없이 생명과학 과목을 수강하는 학생이 늘었다. 어떤 때는 한 해 신입생의 1/3 정도가 1학년 일반생물학 과목을 수강한다. 그런데 1학기에는 학생들이 앉을 자리가 없을 만큼 강의실이 붐비지만, 2학기에는 수강생 수가 뚝 떨어진다. 생명과학은 보통 1년짜리 과목으로 커리큘럼을 짜는데, 2학기에는 식물학을 비롯한 개체 수준의 생명과학 내용이 들어 있기 때문이다. 식물은 그냥 지나쳐도 되는 것으로 받아들인다.

분위기가 이렇지만, 나는 식물에서 바이오 의약품을 만들어 환자들을 살릴 수 있는 치료제를 개발하려고 한다. 이런 이야기를 하면 한약재를 개발하냐고 묻기도 한다. 질문하는 사람의 잘못은 아니다. 과학을 대중에게 충분히 알려주지 않은 과학자들의 탓이 크다. 나 또한 과학자니 그 책임을 담담하게 지면서 답을 한다.

> "식물에서 암을 치료하는 항체나 백신을 만들어, 그 성분만 분리해 약으로 쓰려고 합니다. 나중에는 분리정제할 필요 없이 식물 그 자체를 먹어서 치료하는 것까지 만들어보려고 하고 있죠."

식물로 바이오 의약품을 만들어보겠다는 것은 주류적인 고민이 아니다. 식물에서 바이오 의약품을 만드는 것을 상상하는 사람도 많지 않다. 이미 동물세포로 바이오 의약품을 만들어내는 시스템이 잘 갖추어져 있기 때문이다.

동물세포를 이용한 항체 의약품 생산은 30년 이상

연구하면서 발전시켜온 기술이다. 동물세포를 이용한 1세대 항체 의약품은 20년간 주어지는 특허가 만료될 정도로 역사가 깊다. 안전성이 검증되었고, 효용도 인정받았다. 그런데 식물은 이 모든 것을 지금부터 시작해야 한다.

GMO도 문제다

식물을 연구하면서 만나는 어려움 가운데는 GMO 이슈도 크다. 바이오 의약품은 동물세포에 이런 저런 유전자를 넣어 연구한다. 이는 동물세포 입장에서는 커다란 스트레스를 받는 것이지만, 이에 대해 문제제기하는 목소리를 듣기는 어렵다. 그런데 식물에서 비슷한 일을 하면 비난의 대상이 된다. 물론 동물과 식물에 같은 기준을 댈 수는 없다. 동물세포는 연구 장비나 생산시설 밖의 환경에 노출되면 죽는다. 반면 유전자를 조작한 식물은 씨앗을 퍼트리며 스스로 번식할 수 있다. 이 경우 실험실 밖 생태계에서 일어날 수 있는 유전자 교란을 조절하기 힘들다. 합리적 문제제기다. 나 또한 식물에서 유전자를 조작하는 것은 매우 신중하고 제한적이어야 한다는 입장이다. 하지만, 그럼에도, 식물 유전자 공학 연구는 필요하며, 우리가 처한 여러 가지 문제를 해결하는 데 활용해야 한다.

지금까지 식물학 분야에서, 한국은 수천억 원의 연구비를 GMO 연구에 투자했다. 그런데 이 가운데 우리나라에서 상업화되도록 허락한 것은 하나도 없다. 입구에서는 엄청난 돈을 쏟아부으며 연구를 시작했지만, 출구에서는 결과가 세상으로 나가는 것을 막고 있는 셈이다. 물론 여기에는 복잡한 상황이 있다. GMO에 대한 여론이 우호적이지 않은 것도 있지만, 한국보다 GMO 분야 연구개발이 앞서 있는 전 세계적 규모의 종자회사들이 한국 시장으로 들어오지 못하게 미리 막는 측면도 있다. 그럼에도 GMO에 대한 오해는 연구자들의 손과 발을 묶고, 무엇보다 기세를 꺾는다.

그래서 나는

식물로 바이오 의약품을 만들겠다는 생각은 주류가 아니다. 식물로 바이오 의약품을 만들겠다고 도전했거나, 하고 있는 사람들의 성과도 아직까지 '그럭저럭'이다. 게다가 식물로 뭘 해보려고 하면 GMO 이슈에 휘말리기 쉽다. 그런데 왜 식물에서 바이오 의약품을 만들려고 하고, 그것도 심지어 지금 수준보다 몇 단계를 앞질러 가서 '먹는 바이오 의약품'까지 만들려고 하는 것이냐고 질문을 받으면, 답은 어렵지 않다. 그렇게 하는 것이 과학이기 때문이다. 그러면 과학을 하지 글은 왜 내냐고? 대중의 이해가 왜곡되면, 과학과 과학자는 이상한 방향으로 흘러가기 때문이다. 우리가 자주 겪는 일이다. 그래서 아직 진행 중인 내 과학을 대중과 소통하는 방법으로 글을 찾았다. 나와 내가 하고 있는 과학이 이상한 곳으로 흘러가지 않도록 하기 위해서 말이다.

II

식물학자의 이상한 고민

병을 고쳐보자

우리는 자기 주변 일부터 관심을 가진다. 생명의 신비 같은 우주적인 주제는 '알아두면 쓸데없는' 영역이다. 그러나 나와 가족이 병에 걸려 아픈 것은 '어떻게든 당장 해결하고 싶은' 영역이다. 그러니 인체 생물학의 인기가 높고, 의과대학에 들어가 의사가 되고 싶어 하는 것도 인지상정이다. 의학에 대한 관심이 높은 만큼, 의학 분야에 뛰어난 능력을 가진 인재가 몰린다.

생명과학 연구자들의 관심도 사람의 병을 고치는 방향으로 쏠리는 것이 당연하다. 바이오테크와 같은 기업들도 대부분, 사람의 질병 치료제 개발로 목표를 잡는다. 그리고 암이나 난치병 등을 고치고 싶은 사람들의 마음을 사로잡은 물건이 바이오 의약품이다. 기적처럼 말기암 환자나 희귀 난치병 환자를 살려내기도 하는 바이오 의약품은 생명과학의 발달로 가능해졌다.

바이오 의약품이 사람의 질병을 획기적으로 고치는 치료제로 주목받고, 바이오 의약품이 생명과학을 바탕으로 하지만, 생명과학의 한 영역인 식물학은 바이오 의약품 밖에 머물고 있다. 바이오 의약품 가운데 중요한 비중을 차지하는 항체 의약품은 중국 햄스터 난소세포(Chinese Hamster Ovary Cell, 이하 CHO 세포)를 이용해 만든다. CHO 세포, 즉 동물세포를 이용한 항체 의약품 생산은 효율이 좋다. 생산 공정에 대한 노하우가 많이 쌓여 있고, 생산 공정 각 단계별 안전성 평가 기준도 잘 마련되어 있다.

이런 이유로 '항체 의약품 생산=CHO 세포'라는 공식이 받아들여진다. 여기에 토를 달면 이상한 사람이 되는 분위기다. 특히 의학 분야에서는 그 정도가 심하다. 이미 확인된 CHO 세포 생산 시스템으로 항체 의약품을 잘 만들고 있는데, 무엇인가 바꾸었다가 예상치 못했던 부작용이 나타나면 어떻게 할 것이냐는 걱정이다. 환자가 눈앞에서 죽기도 하는 의사가, 당연히 가질 수 있는 보수적 태도다.

그럼에도 내가 생각하는 과학은 모두가 그렇다고 할 때, '그런데 뭐 다른 것은 없을까?' 하고 토를 다는 것이다. 여기에 한 가지를 더하면 '과학으로 공동체의 문제를 해결하고 싶다!'는 욕심도 있다. 나는 식물학자이므로 식물학 지식으로 문제를 해결하고 싶었다. 동물세포를 가지고 바이오 의약품을 연구하고 있는 과학자들은 자신의 과학을 활용해 충분히 열심히 하고 있다. 식물로 그들을 이기겠다는 것이 아니라, 식물로도 도움이 되는 무언가를 만들어보자는 것이다.

오래된 고민

식물학자들이 오랫동안 중요하게 관심을 두고 있는 문제는 식량이다. 모든 식량의 바탕에는 식물이 있다. '인구가 이렇게 늘어만 가고 있는데, 기후는 온난화되고 토양의 비옥도는 떨어져간다. 이 많은 사람들을 어떻게 먹여 살릴 것인지…' 식물학자들의 고민이다.

뛰어난 식물학자들은 식량문제를 농업혁명으로 풀어냈다. 노먼 어니스트 볼로그(Norman Ernest Borlaug)

라는 식물학자는 키가 작은 품종의 밀(소노라 64호)을 개량해 수확량을 두 배로 늘렸다. 이렇게 개량된 품종의 밀은 기아 상태에 놓여 있는, 적어도 수억에서 많게는 수십억 명의 목숨을 구한 것으로 여겨졌다. 노먼 어니스트 볼로그는 공로를 인정받아 1970년 노벨 평화상을 받기도 했다.(볼로그의 연구가 노벨 평화상을 받은 이유는, 노벨 생리의학상에 식물학 분야가 포함되지 않기 때문이었다.)

식량문제와 관련해 최근 식물학자들이 관심을 기울이는 주제는 스트레스 바이올로지다. 식물이 받는 스트레스는 비생물학적 스트레스와 생물학적 스트레스로 나뉜다. 생물학적 스트레스는 병충, 박테리아, 바이러스, 식물을 먹고 사는 다른 생물이 주는 스트레스다. 이와 비교해 비생물학적 스트레스는 가뭄, 온도, 이산화탄소 농도, 토양의 염분, 냉해 등 식물이 자라는 곳의 물리적인 환경 변화로 식물이 받는 스트레스다.

스트레스는 식물 생장에 영향을 준다. 식물은 이런 스트레스로부터 스스로를 보호하는 메커니즘을 가지고 있다. 그 메커니즘을 연구해 알 수 있다면 식물이 받는 생물학적, 비생물학적 스트레스를 줄이는 방법을 개발할 수 있을 것이다. 물론 그렇게 되면 식량으로 이용하는 식물을 좀더 안전하게 기를 수 있을 것이다. 최근 『사이언스(*Science*)』나 『네이처(*Nature*)』 등의 학술지에 식물학 부분은 이런 내용들이 채우고 있다.

키가 작으면 낟알이 많을까?

1960~70년대의 '녹색혁명'은 노먼 어니스트 볼로그처럼 식물학자들의 공이 컸다. 주식으로 사용하는 곡물의 생산량을 늘리기 위한 식물학자들의 품종 개량 시도가 계속되었고, 잎이나 줄기를 키우는 데 들어가는 에너지를 이삭으로 돌리기 때문이라고 생각했다. 볼로그가 개량한 소노라 64호는 멕시코를 밀 수입국에서 밀 수출국으로 바꿔주기까지 했다. 식물학자인 나도 '이삭이 더 많이 패는 벼'를 만들고 싶었다.

보리나 밀 등 주요 곡식들은 키가 작아지면서 생산

성이 높아졌다. 잎이나 줄기를 키우는 데 들어가는 에너지를 이삭으로 돌리기 때문이라고 생각했다. 볼로그의 소노라 64호도 키가 작았다. 벼도 키를 작게 만들면 낟알이 더 많이 달리지 않을까? 나는 먼저 애기장대의 유전자를 하나 클로닝(cloning)했다. 애기장대(학명: *Arabidopsis thaliana*)는 식물학자들이 사랑하는 모델 식물이다. 실험에 많이 활용하는데, 유전자 연구에 도움을 주는 초파리와 비슷하다고 보면 된다. 클로닝은 염색체에서 특정한 기능을 수행하는 DNA 부분을 찾아내어 대량으로 복제하는 일이다.

'초파리만큼 흔한 풀의 유전자를 하나 찾아서 대량으로 복제했다'고 말하니 무척 간단한 일처럼 들릴 수도 있다. 그러나 내가 박사 과정을 밟고 있을 때만 해도, 식물학자들은 무작위로 돌연변이를 만든 다음 돌연변이의 표현형을 실마리로 유전자를 찾아내어 연구했다.

이런 방식에는 커다란 단점과 커다란 장점이 있다. 커다란 단점은 내가 필요한 유전자를 찾으려면 엄청나게 많은 돌연변이를 만들고, 뭐가 잘못되었는지 하나하나 검토해야 한다는 점이다. 엄청나게 많다는 것은, 구체적으로 수십만 개 정도의 돌연변이를 만들고 그 가운데 하나를 찾는 것이라고 보면 되겠다. 정말 힘들었다. 그러나 커다란 장점도 있다. 내가 만들어놓은 돌연변이 집단에 대한 정보를 다른 연구자들과 공유한다. 식물학자들의 연구 품앗이다.

애기장대의 키는 보통 30cm 남짓인데, 내가 클로닝한 유전자는 애기장대의 키를 5cm 정도로 줄이는 돌연변이 유전자였다. 이름은 *DWARF5* 유전자(*DWF5*)로, 여러 난쟁이 돌연변이 유전자 가운데 5번 유전자였다. 내가 했던 실험의 과정은 이렇다.

먼저 애기장대의 돌연변이를 만든다. 유전자에 이상이 생기도록 화학물질과 반응시키는 작업이다. 유전자가 변형되면 온갖 형태의 돌연변이 애기장대가 만들어진다. 이 가운데 키가 작아진 애기장대만 따로 모은다. 그리고 이렇게 키가 작아진 애기장대의 유전자와 원래 애기장대의 유전자를 비교한다. 어떤 유전자가 바뀌었는지 하나씩 찾아가면서 1번, 2번, 3번 이렇게 번호를 붙인다. *DWF5*는 5번째 것이었다.

연구를 더 진행해보니, 이 유전자는 원래 애기장대 키를 크게 하는 데 관여하고 있었다. 그런데 돌연변이가 되어 기능을 못하는 바람에 애기장대의 키가 작아진 것이다. (*DWF5*가 키를 키우는 유전자였지만 난쟁이라는 이름을 붙인 것은, 돌연변이의 표현형에서 연구가 시작되기 때문이다. 유전자들이 어떤 역할을 하는 것인지 처음에는 알 수 없다. 해당 유전자가 없어져서 돌연변이가 되어야 어떤 일을 하는지 알 수 있다. 그러니 키를 키우는 유전자도 일단은 난쟁이라는, 표현형을 바탕으로 이름을 짓게 된다.) 연구를 좀더 진행하면서 애기장대의 키를 작게 만드는 유전자도 찾을 수 있었다. 키를 작게 만드는 유전자는 12번이었고, 이름은 *DWF12*로 지었다. 나는 키를 작게 만드는 기능을 하는 *DWF12* 유전자를 벼에 넣어보았다. 예상했던 대로 벼의 키가 작아졌다. 그러나 낟알이 많이 맺히지는 않았다. 키가 작아진다고 항상 낟알이 많이 맺히지는 않는다는 사실을 알게 되었다.

연구를 계속하다 보니 난쟁이 유전자들은 식물성

콜레스테롤과 그 유도체인 브라시노스테로이드(brassinosteroid) 호르몬 생합성 및 신호전달 경로에 관여한다는 것을 알게 되었다. 브라시노스테로이드는 식물의 키를 키우는 역할을 하는데, 난쟁이 5번과 12번 유전자가 여기에 관여하고 있었던 것이다. 그런데 콜레스테롤 생합성에 문제를 일으키는 이 난쟁이 5번 유전자가 사람의 유전병과도 관계가 있다는 것을 알게 되었다.

쌀보다 난치병

스미스 렘리 오피츠 증후군(Smith Lemli Opitz Syndrome, SLOS)은 사람에게 콜레스테롤이 생합성되지 않는 유전병이다. 콜레스테롤은 세포막 유지와 호르몬 합성에 꼭 필요하다. 또한 세포 안에서 물질 운반과 세포 신호전달 등에도 관여한다. 즉 생명 유지에 꼭 필요한 물질이다. 꼭 필요하다는 것은, 없을 때 고통도 크다는 뜻이다.

콜레스테롤을 합성하지 못해 생기는 스미스 렘리 오피츠 증후군 환자는 신경세포 발달에 문제가 생겨 뇌가 작은 소두증, 손가락이 많은 다지증, 정신지체를 비롯한 발달 장애를 앓는다. 생존에 필수적인 콜레스테롤 대사에 문제가 있으니 심하면 두 살이 되기 전에 사망하기도 한다. 증상을 완화시키려면 콜레스테롤을 먹어야 하는데, 웬만큼 먹어서는 콜레스테롤을 몸으로 전달하기 어렵다. 그래서 달걀 노른자처럼 콜레스테롤이 많이 들어 있는 음식을 많이 먹어야 한다.

콜레스테롤은 여러 과정을 거쳐 합성되는데, 제일 마지막 단계 합성에 *DHCR7*이라는 유전자가 기능을 해야 한다. *DHCR7* 유전자에 문제가 생기면 콜레스테롤 합성이 안 되고, 스미스 렘리 오피츠 증후군이 생기는 것이다.

그런데 사람에게 있는 *DHCR7* 유전자와 애기장대에 있는 난쟁이 5번 유전자가 같은 유전자라는 것을 알게 되었다. 사람과 애기장대에 똑같이 있고, 그 유전자에 문제가 생기면 사람에게서는 콜레스테롤 생합성을 방해하는 질병을 일으키고, 애기장대에서는 키가 크지 못하게 한다. 식물과 동물, 식물과 사람 사이에는 공유하는 유전자가 많다. 사람에게 있는 질병과 관련된 유전자 289개를 조사했더니, 139개의 유전자가 애기장대에 있었다. 초파리 유전자에는 이것보다 많은 178개가 겹쳤다. 생물들이 각각 진화의 길목에서 서로 다른 길로 갈라선 것이 그리 오래전 일이 아니라는 뜻이다.

2001년, 사람의 유전자 지도를 그리는 작업이 완성되었고, 여러 연구에 지도가 활용되기 시작했다. 그런데 내가 난쟁이 유전자를 연구하던 1998년에는 사람 유전자 지도가 완성되기 전이었다. 아직 스미스 렘리 오피츠 증후군의 원인 유전자도 모르고 있던 때였다. 그런데 애기장대 난쟁이 5번 유전자와 그 기능을 밝히면서, 스미스 렘리 오피츠 증후군을 일으키는 유전자와 같은 유전자라는 것을 확인한 것이다.

스미스 렘리 오피츠 증후군 환자의 증상을 완화시켜려면 콜레스테롤이 많이 들어간 음식을 많이 먹는 것 말고는 별다른 대책이 없었고, 나는 난쟁이 애기장대에서 찾은 5번 유전자를 가지고 의약품 개발 연구를 이어 갈 수 있지 않을까 생각했다. 그러나 대학 연구소에서는 할 수 있는 일이 별로 없었다. 당시 대학에서는 정교수가 아니면 연구 내용으로 벤처기업을 만드는 것이 일반적이지 않았고, 그렇게 하는 사람들에 대한 시선도 곱지 않았다. 나는 2012년에 정교수가 되었고, 대학 연구실보다 본격적으로 무언가를 해볼 수 있는 벤처를 만들 수 있게 되었다.

사고 덕분에 얻은 기회

이런 와중에 식물에서 효소 의약품을 만들었다는 소식이 전해졌다. 고셔(Gaucher) 병은 글루코세레브로시데이스(Glucocerebrosidase)라는 효소를 만드는 유전자에 이상이 생긴 병이다. 환자는 유전자 이상으로 효소를 충분하게 만들지 못하는데, 글루코세레브로시데이스는 글루코세레브로사이드(Glucocerebroside)라는 지질을 분해한다. 분해는 세포 안에 있는 리소좀에서 주로 일어나는데, 대식세포처럼 리소좀의 활동이 많은 세포에서 특히 중요하다. 대식세포 리소좀에서 분해가 원활하지 않아 글루코세레브로사이드가 쌓이면, 대식세포는 제 기능을 하지 못한다. 이렇게 망가진 대식세포를 '고셔 세포'라고 부른다.

고셔 세포로 인해 글루코세레브로사이드가 비장, 간, 폐, 골수 같은 곳에 쌓이면, 해당 조직의 기능이 떨어진다. 특히 비장에 이상이 생기는데, 원래 크기보다 스무 배까지 비장의 커지면서 환자의 배가 부풀어 오르기도 한다. 희귀 유전병인 고셔 병을 앓고 있는 사람은 전 세계적으로 10,000여 명 정도로 추정된다.

고셔 병은 특정 효소가 부족해 생기는 병이다. 따라서 부족한 효소의 역할을 대신해줄 수 있는 무엇인가를 보충해주는 방식의 치료법(enzyme replacement therapy, ERT)이 개발되었다. 젠자임(Genzyme)사는 고셔 병 치료제로 세레자임®(Cerezyme®, 성분명: imiglucerase)이라는 약을 만들었다. 고셔 병을 앓고 있는 환자에게 세레자임®을 투여하면 부족한 글루코세레브로시데이스를 대신해 글루코세레브로사이드를 분해한다. 완치되는 것은 아니지만 증상을 완화할 수 있다.

세레자임®을 만들 때도 동물세포를 이용한다. 세레자임®을 만들도록 유전자가 조작된 동물세포(CHO 세포)를 커다란 통(바이오리액터, bio reactor)에 넣고 기른다. 통 속 동물세포는 세레자임의 성분 물질을 포함해 여러 물질을 만들어낸다. 이것들 가운데 세레자임® 성분만을 정제해서 약을 만든다.

그런데 젠자임사가 세레자임®을 만들던 통에 바이러스가 침투해 통 안에 있던 동물세포에 문제가 생겼다. 고셔 병 환자들은 일주일에 2~3회씩 정맥주사로 세레자임®을 맞아야 하는데, 문제가 생긴 통을 정리하고 다시 세레자임®을 만들려면 시간이 너무 오래 걸렸다. 물론 세레자임®을 대신할 약도 없었다.

환자들에게 당장 약을 공급해야 하는 상황에서, 2012년 FDA는 당근 세포에서 만든 효소 대체제를 치료제로 인정했다. 이스라엘 바이오테크인 프로탈릭스(Protalix)사가 만든 엘리라이소®(Elelyso®, 성분명: taliglucerase α)다. 이는 식물을 사용해 만든 바이오 의약품이 승인된 첫 사례다. 약물을 만드는 공정은 크게 다르지 않았다. 유전자 조작된 CHO 세포를 유전자 조작된 당근세포로만 바꾼 것이다.

프로탈릭스가 고셔 병 치료제를 당근세포에서 만들겠다고 생각한 것은 (적어도 내가 보기에는) 과학적이었다. 당근은 식물학 분야에서는 유명한 녀석이다. 식물세포를 떼어내 배양하면 원래의 식물체로 재분화가 가능하다는 것을 처음으로 보여준 것이 당근이었기 때문이다. 즉 당근세포를 가지고 당근을 만들 수 있었다. 지금 과학기술로는 사람 손가락에 있는 어떤 세포를 하나 가지고 와서 열심히 키워도 사람을 만들어 낼 수는 없지만, 당근은 가능했다.

이는 식물이 단순하고 동물이 복잡해서가 아니다. 식물은 최소한의 무기물만 있으면 살아가는 데 필요한 영양분을 스스로 합성해내는 것처럼, 세포들의 능력도 뛰어나다. 체세포를 가지고 동물을 복제하려면 배아의 핵을 바꾸는 등의 복잡한 과정이 필요하지만, 식물은 이미 세포에 그런 능력을 탑재하고 있는 것이다. 당근은 이렇게 식물학 분야에서 조직 배양 등을 하는 데 있어 이미 능력을 보여주고 있었고, 프로탈릭스는 당근을 활용해보기로 한 것뿐이었다.

아마 FDA는 엘리라이소® 승인신청서를 놓고 고민이 많았을 것이다. CHO 세포를 이용한 의약품 생산 공정의 허가였다면, 늘 하던 것이니 심사하는 데 크게 어렵지 않았을 것이다. 그런데 식물로 사람의 질병을 고치는 바이오 의약품을 만들겠다는 신청서가 들어왔다. 허가기관 입장에서는 처음부터 끝까지 새로운 기준과 방법을 찾아야 했을 것이고, 이보다 난감한 일도 없었을 것이다. 그럼에도 약효가 있고, 싸게 만들 수 있고, 무엇보다 당장 환자를 고통에서 구해낼 수 있다는 사실과 허가기관의 난감함은 서로 수평을 이루는 성질의 것이 아니다. 프로탈릭스의 엘리라이소®는 고셔 병 치료제로 처방되기 시작했다.

그런데 젠자임사가 공장을 수습하고 다시 세레자

임®을 만들기 시작하자 엘리라이소®의 판매는 줄었다. 앞에 잠깐 나왔던 시장의 합리적 보수성이 작동했기 때문이다. 환자는 의사의 처방전을 따르기 때문에, 약의 진짜 소비자는 의사다. 의사에 따라 다르겠지만, 의사는 환자의 안전에 제일 큰 가치를 둔다. 약을 동물세포에서 만들었건 식물세포에서 만들었건 어떤 약이 더 안전한가로 기준을 잡는다. 상대적으로 오랫동안 많은 환자에게 처방된 데이터가 있는 동물세포로 만든 바이오 의약품, 즉 오랫동안 썼는데 문제가 없었던 동물세포를 이용한 바이오 의약품을 선택한 것이다.

비싸고 오래 걸린다

식물로 사람의 질병을 고치는 바이오 의약품이 성공한 사례가 나오자, 나도 조금 용기를 얻었다. 현재 바이오 의약품 생산은 CHO 세포 같은 동물세포를 활용한다. 동물세포를 활용한 생산설비는 안전성을 검증하고 생산을 조절할 과학적 토대가 잘 갖춰져 있다. 단 생산설비를 갖추고 실제 생산을 하기까지 시간이 오래 걸리고 비용이 많이 들어간다.

동물세포를 이용한 바이오 의약품 생산설비 구축에는 적어도 1년 정도의 시간이 필요하다. 10년이 걸리는 것도 아니고 1년이 큰 문제냐고 되물을 수 있겠지만, 약을 하루라도 거르면 안 되는 환자 입장에서는 1년은 결코 짧은 시간이 아니다. 세레자임® 사례에서 보았듯이 동물세포를 활용한 생산설비는 예민해서, 바이러스 등에 오염되면 의약품의 생산을 멈춰야 한다. 복구하려면 처음부터 다시 시작해야 하고, 최소 6개월의 공백이 생기는 것이다. 그런데 엘리라이소® 사례에서 볼 수 있듯이, 식물세포를 이용하면 시간을 혁신적으로 줄일 수 있다.

비용도 문제다. 동물세포를 이용한 바이오 의약품은 휴미라®, 리툭산®, 엔브렐® 등을 비롯해 수십여 종에 이른다. 종류만큼이나 가격대의 폭이 넓어 인슐린처럼 5천 원 정도로 싼 것도 있지만, 유방암 치료에 뛰어난 효과를 보여주는 허셉틴®(Herceptin®, 성분명: trastuzumab)같은 항체 의약품은 90만 원에 이를 정도로 비싸다. 그리고 대부분의 바이오 의약품은 허셉틴®처럼 비싸다.

바이오 의약품 생산에 시간과 비용이 많이 들어가는 이유는 생산 과정의 특징 때문이다. 바이오 의약품 생산 과정을 거칠게 살펴보자. 우선 커다란 통에 유전자가 조작된 동물세포를 채워야 한다. 이 동물세포는 의약품으로 쓸 물질, 예를 들어 항체를 만들게끔 유전자 등이 조작된 것이다. 이렇게 바이오 의약품 생산에 필요한 동물세포를 만들고 충분한 양으로 늘리는 데 시간이 오래 걸린다.

통에 가득 찬 동물세포가 항체를 만들어내려면 영양분과 산소가 필요하다. 통에 영양분과 산소를 넣어서 동물세포를 기르면, 동물세포는 항체를 비롯한 여러 가지 물질을 만들어낸다. 그러면 이렇게 만들어진 여러 가지 물질 가운데, 약으로 쓸 항체만 순수하게 분리 정제해서 약병에 담아서 병원으로 옮긴다. 동물세포는 사람에게 감염되는 바이러스 등으로 오염될 수 있으므로, 생산설비는 매우 섬세하게 관리가 되어야 한다. 이 모든 과정에는 연구실 수준의 첨단 장비와 숙련된 인재가 필요하다. 당연히 비용이 많이 들어간다.

즐거운 상상

그런데 바이오 의약품 생산에 식물을 이용할 수 있다면 어떻게 될까? 과학이라면 전보다 나아진 무언가가 있어야 할 것이니, 동물세포를 이용했을 때보다 시간과 비용이 줄어들면 될 것이다.

바이오 의약품을 만드는 동물세포 가운데 사람이 먹을 수 있는 것은 없다. CHO 세포가 아무리 뛰어난 항체 의약품을 만들 수 있다고 해도, 사람이 먹기는 좀 그렇다. 그런데 식물 가운데는 먹을 수 있는 것들이 많다. 앞서 나왔던 엘리라이소®도 당근에서 만들었다. 만약 원하는 효소든 항체든, 바이오 의약품의 주요 성분을 식물에서 만들 수 있다면 어떻게 될까? 상추나 토마토처럼 먹을 수 있는 식물에서 항체를 만든다면 시간과 비용이 많이 들어가는 분리 정제 과정 없이, 식물을 먹어서 치료 효과를 볼 수 있지 않을까? 이렇게 되면 복잡하고 돈이 많이 들어가는 투약 과정도 줄일 수 있지 않을까?

과학자에게 가장 즐거운 시간 가운데는 상상하는 시간이 있다. 기왕에 상상을 시작했으니 조금더 상상해보자. 바이오 의약품 신약개발에 식물을 적극적으로 활용하면 어떻게 될까? 식물에서 신약을 만들어낼 수도 있지 않을까? 고셔 병, 헌터 증후군, 파브리 병 등은 전혀 관계없어 보일 것 같지만, 서로 관련성이 높은 질병이다. 각각의 병을 발견하고 정리한 의사의 이름을 붙이는 전통에 따르다가 생긴 일이다. 이들 질병은 모두 당지질 분해 경로의 여러 길목에서 어떤 효소가 작동하고 작동하지 않는지에 따라 생긴다.

따라서 고셔 병 치료제를 식물세포를 가지고 만들었다면, 다른 병 치료제도 식물로 만들어낼 수 있을 것이다. 아이디어를 구체화해보는 연구를 하고 있는데, 어떤 의사 선생님이 전화를 주셨다. 자기 소개를 마친 의사 선생님은 다짜고짜 헌터 증후군 약을 과일에서 만들어 병을 앓고 있는 아이들에게 먹여보자는 이야기를 꺼냈다.

헌터 증후군은 점액다당질증(뮤코다당증)이라고 부른다. 이두로네이트 2-설파테이스(Iduronate 2-sulfatase, IDS)라는 효소가 부족해서 생기는 병으로, 고셔 병처럼 유전자 이상으로 생긴다. 효소가 모자란 질병이니 인공적으로 효소를 만들어 환자에게 주사를 놓는다. 이렇게 해서 병증을 완화하는 것이 현재 최선의 치료다. 그런데 지금 환자들의 상황이 너무 절박하다고 했다. 상황이 절박하니 의사 선생님은 식물에서 길러낸 바이오 의약품을 환자에게 먹일 수 있지 않을까 하는 아이디어를 생각해내셨다. 나는 연구가 많이 진행되면 나중에는 그런 것이 가능할 것이라고 생각은 하고 있었다. 성공하면 아마 노벨상을 탈 것이다.

헌터 증후군은 IDS가 없어서 생기니, CHO 세포에서 IDS를 만들어 환자에게 주기적으로 투여한다. 그런데 말이 쉬워 주기적으로 넣어주는 것이지, 치료 현장의

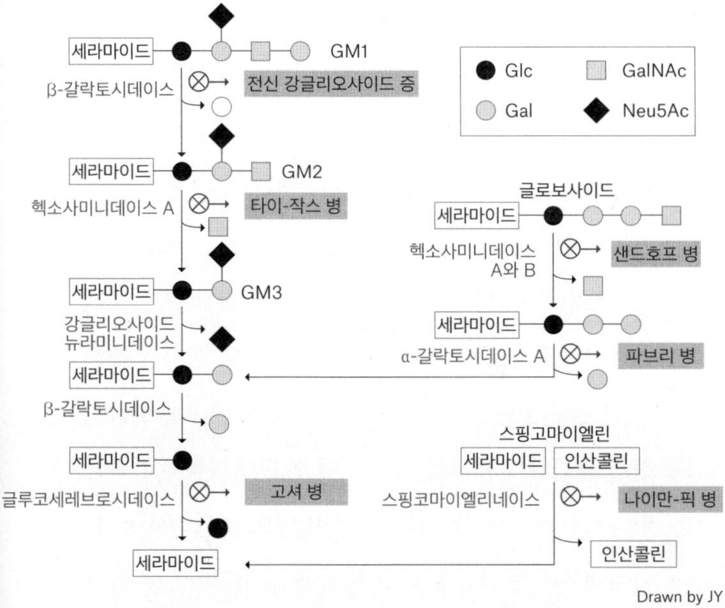

생체막 지질의 대사경로 및 촉매 효소에 따른 사람의 유전병

상황은 말 그대로 난리다. 한국에서 헌터 증후군을 앓고 있는 환자는 70여 명 정도 된다고 한다. 환자들은 일주일에 한 번 병원을 방문해 몸속에 쌓인 뮤코다당체의 일종인 글로코사미노글리칸(GAG)을 없애는 치료를 받는다. 약 4시간 정도 정맥주사로 인공 IDS를 몸속에 넣어주면, IDS 효소가 천천히 피 안으로 퍼지면서 GAG를 분해한다. 문제는 치료 과정에서 면역반응이 생기는 환자들의 경우다.

우리 몸은 외부에서 들어온 물질을 적으로 여기고, 없애려 노력한다. 이를 면역이라고 부른다. 면역은 우직한(?) 면이 있어, 우리 몸에 좋건 나쁘건 공평하게 없애려 노력한다. IDS가 결핍되어 한 번도 정상적인 IDS를 만나보지 못했던 환자의 면역 시스템은, 기껏 주사로 환자에게 투여한 IDS를 외부 침입 병원체라 여기고 없애기 시작한다. 한 번 작동된 환자의 면역 시스템은 마치 급성 자가면역질환처럼 환자 자신을 공격한다. 공격이 심하면 환자가 죽을 수도 있다. 이런 경우 인공 IDS를 곧바로 맞을 수 없어, 우선 면역 능력을 일부러 떨어뜨리는 주사를 맞는다.

이렇게 일부러 면역을 떨어뜨리는 약을 맞고 인공 IDS를 2차로 투여받는데, 중증인 환자는 가족이나 보호자 없이 몸을 움직일 수 없을 정도다. 1년 동안 치료를 받으려면 치료제 비용만 약 수억 원에 이른다. 국가에서 90%를 지원해주지만 내야 하는 약값만 아직 수천만 원 남는다. 헌터 증후군 환자는 발달장애를 동반하며 환자의 기대수명은 10~20세 정도다.

의사 선생님은 다른 것은 되었고, 약이라도 먹는 방식으로 바꿀 수 있는 방법이 없겠냐고 연락해오신 것이었다. 고셔 병 치료제 엘리라이소®도 효소대체치료 방식이고, 당근세포에서 만들었다는 소식을 듣고는, 한국에서 비슷한 일에 도전하고 있는 곳을 찾다가, 나에게까지 온 것이다. 현장은 언제나, 생각하는 것보다, 훨씬 절박하다. 절박한 상황 앞에 앉은 의사와 식물학자가 온갖 아이디어를 내기 시작한다.

'상황이 너무 심각해요.'

'그럼 효소 성분을 상추 같은 데서 발현시켜서 환자들에게 먹이는 건 어떨까요?'

'먹으면 소화가 되어버려 피로 많이 안 갈 것인데.'

'그래도 얼마는 피로 가겠죠?'

'한 1% 정도는 갈 수 있을 것 같아요. 어쨌건 피에서 1g만 효소가 돌아다닐 수 있게 해주면 될 것 같은데.'

'그럼 효소 100g이 들어 있는 상추를 먹이면 되겠네요.'

'계산으로는 그렇죠.'

'지금 기술로 하면 상추 1kg를 만들면 그 안에 1g 정도의 효소가 있어요.'

'상추 100kg을 어떻게 먹어요!'

'식물은 90%가 물이잖아요. 상추를 동결건조시켜서 부피를 줄이면 어떨까요?'

생각나는 대로 아이디어를 주고 받는 회의를 했지

만, 아직 불가능한 이야기들이었다. 단 이것이 가능해진다면 헌터 증후군 치료제를 지금보다는 나은 조건으로 처방할 수 있다. 먹을 수 있는 약으로 말이다. 앞서 나왔던 고셔 병이나 또 다른 리소좀 저장 질환으로 α-갈락토시데이스 A(GLA)의 유전자 결핍 때문에 나타나는 파브리 병도 잡을 수 있을 것이다. 다들 리소좀 저장과 관계된 유전자들에 의해 비롯되는 질병이니, 식물세포에서 만드는 바이오 의약품으로, 치료할 수 있지 않을까?

III

동물세포는 훌륭했다

이미 잘 하고 있다

바이오 의약품 생산에 동물세포를 사용하는 이유는 크게 두 가지다. 기술이 많이 발전해 있고, 규제과학도 잘 발전했기 때문이다. 기술을 먼저 보자.

바이오 의약품 가운데 대표적인 항체 의약품은, 말 그대로 항체가 치료제의 주요 원료다. 항체는 단백질로, 단백질을 만드는 곳은 세포인데 세포 안에 있는 핵의 유전자에 단백질을 만드는 설계도가 들어 있다. 단백질을 코딩하는 DNA다. 항체 단백질 의약품 생산은 이 특수한 DNA를 CHO 세포에 넣는 것으로 시작한다.

그런데 DNA를 CHO 세포에 넣어 항체 생산 세포주를 만드는 과정은 단순하지 않다. 세포 안의 핵의 뚜껑을 열고, 넣고자 하는 DNA를 염색체의 정확한 자리에 끼워 넣은 다음, 다시 뚜껑을 닫는 깔끔한 과정이 아니다. 사막에서 무작위로 시추공을 뚫어서 물이 솟기를 바라는 것이다.

우선 항체 단백질을 만드는 설계도가 코딩된 유전

자를 CHO 세포 염색체 어딘가에 던져 심는다. 던져 심는다고 하는 표현은 말 그대로, 인위적으로 만든 유전자가 CHO 세포 염색체 어디로 어떻게 가는지 알 수 없기 때문이다. 따라서 많은 수의 CHO 세포를 활용해야 한다.

예를 들어 500개의 CHO 세포를 늘어놓고, 항체 단백질을 만드는 DNA를 500개의 세포에 모두 넣는다. 그런데 153번째 세포가 다른 CHO 세포들보다 더 많이 항체 단백질을 발현한다. 다른 499개보다 자리를 잘 잡은 것이다. 그럼 이 153번째 세포를 빼서 복제한다. 그러나 이런 일이 한 번에 일어나지 않는다. 500개의 세포 모두 자리를 제대로 못 잡을 수도 있기 때문이다. 그러니 반복해야 한다. 이런 과정을 반복하다 뭔가 잘 들어맞는 CHO 세포를 찾으면 다음 단계로 넘어간다. 항체를 잘 만들어내는 세포를 우연과 노력으로 찾았다면, 이제 세포를 대량으로 길러내야 한다.

항체 의약품인 허셉틴®의 1회 투여량은 몸무게가 60kg인 환자를 기준으로 약 240mg 정도다. 이는 병에 담긴 약물을 기준으로 한 것이며, 실제 환자가 한 번 맞는 허셉틴® 240mg 안에서 약효를 내는 항체인 트라스투주맙은 48mg 정도가 들어 있다. 매우 적은 양 같지만 생산으로 넘어가면 꼭 그렇지만은 않다. 항체를 생산하기 위해 유전자가 조작된 CHO 세포를 모아 놓은 통인 리액터는 보통 용량이 20리터 이상이 되어야 생산설비로 쓸 수 있다. 20리터 규모의 통에 담긴 CHO 세포는 약 2주 동안 50g의 트라스투주맙을 생산한다. 허셉틴®을 투여받는 환자 20명이 50번 투여받을 분량이다.

이렇게 설명하니 동물세포를 이용한 바이오 의약품 생산이라는 것이 계란으로 바위치기 같아 보일지 모르겠다. 그러나 여기까지 오는 데도 여러 분야 과학자들과 공학자들이 꽤 오랫동안 노력했다. 이들의 노력은 결실을 맺었다고 볼 수 있으며, 동물세포로 바이오 의약품을 생산하는 기술 자체는 현재 매우 훌륭하다.

예를 들어 1987년 맨 처음 CHO 세포에서 tPA(Tissue Plasminogen Activator, 조직 플라스미노겐 활성인자)을 만들어낼 때만 해도 50mg/L 정도의 생산량을 확보

할 수 있었다. 그로부터 30년이 지난 지금 생산성은 대략 100배 올랐다. 물론 기술이 발전했다는 것과 실제 의료 현장에서 어떻게 적용되느냐 하는 것은 다른 문제다. 사람의 목숨이 걸려 있는 문제고, 어떻게 과학적으로 규제할 것인지의 문제가 함께 고민되어야 한다. 규제과학의 문제다.

규제과학은 규제만하는 것이 아니다

규제의 첫 번째는 안전하게 막는 것이다. 1957년 독일 제약기업 그뤼넨탈(Grünenthal)은 '탈리도마이드'라는 약물을 개발했다. 이 물질을 수면제로 처방하면 효과가 좋다는 것을 알게 된 그뤼넨탈은 탈리도마이드를 주성분으로 콘테르간®(Contergan®)이라는 약을 만들었다.

처음에는 탈리도마이드를 수면제와 진정제로 처방했지만, 이후 임신한 여성의 입덧에도 효과가 좋다는 것을 확인했고 입덧 치료제로도 처방하기 시작했다. 콘테르간®은 인기가 많았다. 독일과 유럽은 물론 일본까지, 전 세계로 팔려나갔다. 그런데 사고가 터졌다. 임신한 여성이 콘테르간®을 단 한 알만 먹어도, 기형을 지닌 아이를 출산했기 때문이다. 콘테르간® 복용으로 기형을 갖고 태어난 아이의 숫자가 약 20,000여 명에 이르렀고, 결국 판매가 중단되었다.

독일과 유럽을 중심으로 전 세계에서 피해자가 나왔지만, 미국에서만큼은 콘테르간® 피해가 적었다. 미국 FDA에서 일하던 한 심사관이 동물시험 단계에서 자료를 보고 부작용을 의심해 콘테르간®의 미국 내 판매 승인을 거부했기 때문이었다. 덕분에 미국에서는 그뤼넨탈이 의사들에게 연구용으로 제공한 콘테르간®으로 17명의 피해자가 발생한 것이 전부였다. 콘테르간® 사건 이후 신약의 안전성 기준이 강화되었고, 규제의 중요성도 강조되었다.

그러나 규제가 못 하게 막는 것만은 아니다. 신약을 개발하는 본래 목표는 환자를 치료하는 것이다. 따라서 부작용으로 인한 피해자 발생을 막는 것과 더불어, 개발

된 약을 빨리 환자에게 처방할 수 있게 만들어주는 것도 필요하다. 규제의 두 번째 목표다. 탈리도마이드로 돌아가보자.

옛날에 임산부 입덧 방지제로 엄청난 부작용을 가져왔던 탈리도마이드는, 현재 다발성 골수종 환자 치료에 기여하고 있다. 다발성 골수종은 혈액암으로 암세포가 뼈에 침투해 통증을 일으키며, 신부전이나 신경 계통에 문제를 일으킨다. 그런데 탈리도마이드 유사체(화학 구조가 비슷하지만 동일하지는 않은 물질)인 레날리도마이드(Lenalidomide)가 다발성 골수종 환자에게 효과가 있다는 것이 알려졌다.

2005년 미국 바이오테크 셀진(Celgene)은 레날리도마이드를 다발성 골수종 치료제로 만들었다. FDA는 2006년 판매를 승인했고, 레날리도마이드로 만든 약 레블리미드®는 2019년 현재 가장 널리 처방되는 다발성 골수종 치료제가 되었다.

탈리도마이드의 사례를 보면 규제는 단순히 정부기관이 수행하는 법적 제도를 넘어선다. 규제는 규제과학(Regulatory Science)으로 발전했다. 탈리도마이드의 부작용을 잡아내지 못한 것은 규제과학의 잘못이었지만, 탈리도마이드와 비슷한 레날리도마이드로 다발성 골수종 환자의 생명을 연장하게 한 것도 규제과학이었다.

이렇게 규제가 과학이기 때문에 한두 명의 과학자가 하루아침에 만들 수 없다. 여러 사람의 오랜 노력이 쌓여, 한 번 만들어지면 확고한 지위를 가지게 된다. 사람의 목숨을 살릴 수도, 죽일 수도 있는 것이기에 합리적인 보수성을 띠는 것이다.

식물에는 없는 규제과학

의료 현장의 합리적 보수성을 충족시키기 위한 동물세포 기반 바이오 의약품에 대한 규제과학 연구는 잘 되어 있는 편이다. 그럼 식물세포를 바탕으로 하는 바이오 의약품에 대한 규제과학 연구는 어떤 상황일까?

나는 동물세포가 아니라 식물에서 허셉틴®의 성분인 트라스투주맙을 만들어내는 연구를 하고 있다. 항체를 만드는 것인데, 실험실에서 실제 항체를 만드는 데 성공했다. 초기 단계 동물실험까지 했는데 여기에서도 오리지널 트라스투주맙의 효과가 나타났다. 그런데 이것을 사람에게 투여할 수 있을까? 여기서부터는 전혀 다른 문제가 시작된다.

바이오 리액터 안에서 유전자 조작된 CHO 세포가 트라스투주맙를 만들어낼 때 트라스투주맙만 만들어내는 것이 아니다. CHO 세포는 기계가 아니므로 수천 개의 이런저런 다른 단백질과 물질을 함께 만들어낸다. 그러면 여기서 트라스투주맙을 분리정제해야 하는데, 100% 트라스투주맙만을 추출할 수는 없다. 어느 정도는 불순물이 들어갈 수밖에 없다. 그리고 이런 불순물이 환자의 몸에 들어갔을 때 좋을지 나쁠지 알 수는 없지만, 적어도 어느 정도까지는 안전하다고 하는 '허용기준치'를 마련해야 한다. 허용기준치는 대표적인 규제과학이다. CHO 세포로 대변되는 동물세포 기반 바이오 의약품 분야에서는 이런 식의 규제가 촘촘하게 짜여 있어, 이를 따라가면서 신약을 개발할 수 있다.

식물세포 기반 바이오 의약품 연구에는 아직 아무 규제도 없다. 그래서 한발짝 나가는 것도 어렵다. 식물세포에서 트라스투주맙을 만들 때도 극미량이나마 불순물이 포함되게 마련이다. 예를 들어 식물에는 루비스코(Rubisco)라는 효소가 있다. 식물이 이산화탄소를 포도당을 만들 때 참여하는 효소로, 지구상에 있는 모든 단백질 가운데 가장 양이 많은 단백질이다. 식물세포로 트라스투주맙을 만들어 추출하면 루비스코 같은 녀석들도 따라 들어갈 수 있다. 그런데 루비스코의 허용기준치는 아직 없고, 허용기준치가 없으니 이렇게 만든 약을 사람에게 시험을 해봐도 될지 어떨지 정할 수가 없다. 약에는 루비스코가 전혀 없어야 할까? 루비스코를 모두 없애려면 비용이 너무 많이 들어가 약을 만들어도 환자들이 처방받지 못할 수 있다. 있어도 된다면 어느 정도까지가 가능할까?

DNA도 마찬가지다. 바이오 의약품 생산은 숙주 세

포(Host Cell)의 유전자를 조작하는 것에서 시작한다. DNA는 염기가 어떻게 조합되어 있는지에 따라 차이를 나타낸다. 즉 유전자 조작을 위해 어느 정도의 염기가, 얼마나 CHO 세포에 들어가면 되는지 기준이 정해져 있다. 물론 식물에는 이런 기준이 없다. 그래서 식물에서 항체를 비롯한 바이오 의약품을 못 만든다기보다는, 만들어도 뭘 어떻게 할 수 없다고 하는 것이 더 정확하다.

잘하고 있지만 완성은 아니다

CHO 세포를 대표선수로 하는 동물세포 기반 바이오 의약품은 훌륭하지만, 계속 정답인 것은 아니다. 항체 의약품을 만들어주는 동물세포는 분명 고마운 녀석이지만, 완벽한 녀석은 아니다. 한계를 찾는 것이 과학이고, 찾은 한계를 넘으려는 것도 과학이다. 내가 생각하는 한계를 넘을 수 있는 과학은 식물학이다.

동물세포 기반 바이오 의약품에서 찾을 수 있는 첫 번째 문제는 생산 과정에서의 오염이다. 화학 합성 과정을 거치는 케미컬 의약품은 거의 순도 100%짜리 약물을 만들 수 있다. 그런데 바이오 의약품은 그렇게 할 수 없다. 조금 전 살펴본 것처럼 우리가 원하는 물질만 만들어낼 수 있도록 CHO 세포의 유전자를 조작할 수 없고, CHO 세포가 만들어낸 것들 가운데 우리가 원하는 물질만 완벽히 골라내는 것도 어렵다. 규제과학이 있다는 것은 100%가 아니라는 뜻이기도 하다. 100%가 가능하다면 규제과학이 아니라 규제만 있으면 충분할 것이다.

예를 들어보자. 독감 예방 백신은 달걀에서 만든다. 특정 독감 바이러스를 달걀(유정란)에 주입한다. 독감 바이러스에 감염된 유정란은 독감 바이러스를 배양해내고, 이를 분리정제한 다음 백신의 원료로 쓴다. 그런데 100% 순도로 분리정제할 수 없어 달걀 단백질이 백신에 섞여 들어간다. 문제는 달걀에 알러지가 있는 환자다. 독감을 잡겠다고 백신을 맞았는데, 급성 알러지에 걸릴 수 있다. 백신을 맞기 전에 알러지 반응 검사를 해서 위험을 줄이지만 완벽할 수는 없다. CHO 세포는 중국 햄스터, 즉 쥐의 세포다. 낮은 확률이기는 하지만 보건 환경이 나쁜 곳에서 사는 사람은 자신도 모르게 쥐와 접촉해 알러지가 생길 수 있다. 그리고 자기도 모르게 항체 의약품을 처방받았다가 위험에 처할 수 있다.

생산 과정에서의 오염은 기술의 발전과 규제과학의 발전으로 그 위험을 조금씩 낮춰갈 수 있다면, 두 번째 문제는 조금 다르다. 동물세포에서 만드는 바이오 의약품의 두 번째 문제는 '단백질 번역 후 수식 과정(Post Translational Modification)'에서 오는 당 사슬 패턴(Glycosylation Pattern)에서 생긴다.

당 사슬 패턴 문제는 동물세포를 이용할 때 피할 수 없는 문제다. 세포의 핵에 있는 유전자(DNA)는 자신의 복제본인 RNA를 만들어 필요한 단백질을 생산한다. 이렇게 유전자 정보가 단백질로 바뀌는 것을 '단백질 번역'이라고 한다. 그런데 세포가 만들어낸 단백질이 기능을 하려면 단백질 표면에 만노스나 퓨코스 같은 당이 사슬 모양의 특정한 패턴으로 붙어야 한다. 이렇게 번역 후 당 사슬이 결합되는 과정이 단백질 번역 후 수식 과정이다.

문제는 사람의 당 사슬 패턴과 햄스터의 당 사슬 패턴이 다르다는 점이다. 이는 생물 종을 구분 지을 만큼의 커다란 차이로, 당단백질에 결합하는 시알산(Sialic acid)에서 비롯된다. 사람에게서의 N-아세틸 뉴라민산(Neu5Ac) 대신 CHO 세포에서는 유사체인 N-글리코릴 뉴라민산(Neu5Gc)이 당단백질에 결합한다. CHO 세포는 햄스터의 세포이므로, CHO 세포가 만든 항체 단백질에는 햄스터의 당 사슬 패턴이 만들어질 것이다. 이 항체 단백질이 사람 몸에 들어가도 면역반응을 일으킬 수 있다. 예를 들어 소고기를 너무 많이 먹으면, 우리 몸이 소고기에 면역반응을 일으키게끔 변하기도 한다. 당 사슬 패턴이 달라 생기는 일이다. 즉 CHO 세포에서 만든 항체 단백질도 면역반응을 일으킬 수 있고, 이렇게 되면 몸에 들어가 약효를 나타내기도 전에 우리 몸의 면역세포가 항체 단백질을 없앤다.

첫 번째 문제와 두 번째 문제가 약의 성질에 대한

문제라면, 세 번째 문제는 의료 현장에서의 유용성 문제다. 현재 가장 보편적으로 동물세포를 이용해 만드는 바이오 의약품은 백신이다. 세계보건기구(WHO)는 올해 유행할 것으로 예상되는 독감 바이러스를 찾아서 2월에 발표한다. 찾아낸 바이러스를 전 세계에 분양하는데, 제약기업들은 이것을 받아 유정란이나 동물세포를 이용한 백신 생산 시스템에 넣어 백신을 만든다. 그리고 독감이 유행하기 전에 병원에 공급한다. 바이오 의약품 생산에 6개월 정도 시간이 걸린다고 했으니, 제약기업이 바이러스를 받고 백신으로 만들어 병원에 공급하는 데도 빨라야 4개월이고 보통 6개월 정도 걸린다. 어쨌건 가을에는 백신을 맞을 수 있으니, 겨울을 무사히 지내보자는 계획이다.

그런데 문제는 세계보건기구가 발표한 올해의 독감 바이러스가, 제약기업들이 백신을 만드는 사이에 변이를 일으킬 수 있다는 점이다. 예상하지 못했던 독감이 유행하면 백신은 쓸모없어진다. 제약기업 입장에서는 기껏 만들어놓은 백신이 쓸모없어져 손해를 보는 것이지만, 더 중요한 것은 독감이나 독감보다 치명적인 유행병이 돌기 시작하면 환자들이 별 대책 없이 당하게 된다는 점이다. 이는 사스(SARS)나 메르스(MERS)처럼 빠르게 퍼지면서 치사율까지 높은 유행병에서 이미 겪은 일이다. 현재 동물세포 기반 바이오 의약품 시스템으로는 대응하기가 어렵다.

IV

식물로 해보기

첫 번째 오해는 저평가

식물은 동물에 비해 풍요로운 생명체이다. 세포 수준에서 보면 동물에는 없지만 식물에는 있는 것들이 많다. 대표적인 것이 엽록체다. 사람을 포함하는 동물이 살아가려면, 늘 포도당을 쫓아다녀야 한다. 그런데 식물은 앉은 자리에서 빛과 무기물들을 가지고 포도당을 합성해버린다. 동물에는 없고 식물에만 있는 엽록체 덕분이다.

식물이 스스로 만들어낸 영양소 덕분에 사람이 살아갈 수 있지만, 사람은 고마워하기보다는 당연하다는 듯 식물을 이용한다. 그리고 식물이 만들어낸 영양소를 이용하는 것이 당연하게 여겨지니, 식물의 가치는 낮게 평가되고, 구조적으로도 무시당하는 측면이 있다.

물이나 공기처럼 가장 소중한 것은 원래 공짜이니 그럴 수도 있다고 치자. 그러나 도를 넘어 식물을 괴롭히는 것을 자연스럽게 받아들이기도 한다. 어떤 지역을 싹 밀어버리고 아파트를 새로 올리면 조경공사를 한다. 그러면 강원도 산골에 있는 소나무를 파다가 아파트들 사이에 심어놓는다. 이는 소나무 입장에서 큰 스트레스다. 소나무는 자기들끼리 모여서 산다. 그리고 소나무들 사이에는 다시 서로 도움을 주거나 때로는 경쟁하는 다른 식물 종들이 모여 있다. 이는 전체로 하나의 커뮤니티(숲)를 이룬다. 커뮤니티는 눈에 보이는 땅 위에만 있는 것이 아니다. 땅속에서도 서로 뿌리가 얽히며, 여러 미생물들이 함께 만드는 커뮤니티 있다. 이런 복잡한 커뮤니티가 안에 있을 때 소나무는 피톤치드처럼 우리에게 이로운 천연물도 뿜어낸다. 행복하게 사는 것이다.

이주시켜온 식물을 살리기 위해 많은 노력을 했다지만, '서울로 7017 프로젝트'는 식물을 생물로 보지 않는 시선이 끼어들어가 있다. 대도심 한복판 옛 고가도로 위에 전국에서 온 식물로 정원을 만들겠다는 계획은, 사람에게 보여주기 위해 전 세계에 있는 동물들을 한 곳에 모아둔 동물원과 구조적으로 다를 것이 없다. 원래 함께 살지 않는 식물들을, 원래 살 수 없는 곳에다 옮겨 놓고, 사람 눈에 보기 좋으라고 군데군데 깔아 놓았으니 말이다. 연구와 보존 목적이 아닌 동물원에 대한 비판이 힘을 얻고 있다면, 이런 부분도 함께 생각해볼 필요가 있다.

두 번째 오해도 저평가

식물은 적응력이 높은 종이다. 식물은 자리를 잡으면 움직일 수 없다. 따라서 문제가 발생하면 앉은 자리에서 해결해야 한다. 진화라는 관점에서 보면, 지금까지 살아남은 식물 유전체에는 매우 다양한 문제 해결 경험과 능력이 담겨 있는 셈이다.

학자들은 사람에게 약 3만 개 정도의 유전자가 있는 것으로 보고 있다. 사람 유전자 지도 전체를 그리기로 처음 마음먹었을 때, 학자들은 100,000여 개 정도는 있을 것으로 내다봤다. 그런데 막상 그려놓고 나니 30,000여 개 정도에 불과했다. 전체 세포의 숫자가 1,000여 개 남짓이고 사흘이면 다 자라 어른이 되며, 썩은 나뭇잎 같은 곳에 사는 '예쁜꼬마선충(*Caenorhabdi-*

tis elegans)'의 유전자가 20,000여 개 정도라는 것을 생각하면 체면이 구겨지는 일이다. (참고로 사람 세포 수는 약 30조 개 정도다.)

애기장대 유전자는 약 27,000개 정도다. 2000년에 애기장대 유전자 지도 전체를 그렸으니, 사람 유전자 지도보다도 먼저 나왔다. 사람을 포함한 다세포성 진핵생물 가운데 전체 유전자 지도를 가장 먼저 그린 것이 애기장대다. 이렇게 가장 먼저 전체 지도를 그렸지만 각 유전자의 기능에 관한 각주는 아직 1/3 정도 밖에 채우지 못했다. 난쟁이 5번 유전자처럼 애기장대에서 어떤 일을 하는지 알고 있는 유전자의 수는 1/3 정도다. 식물학자들은 지금도 나머지 유전자의 기능을 찾아내기 위해 연구 중이다. 2000년에 애기장대 유전자 지도 전체를 그린 후, 식물학자들은 다음 단계로 넘어갔다. 2010년까지 애기장대 유전자 전체의 기능과 역할을 찾겠다는 '2010 프로젝트'였다. 그러나 2019년 현재까지 연구하고 있다.

10년 계획이 20년째 가고 있는 이유는, 식물에서

두드러지는 유전자의 중복(redundancy) 때문이다. 어떤 유전자가 어떤 일을 하는지 알아보려면, 그 유전자를 없앤 다음 무엇이 달라졌는지를 찾는다. 어떤 유전자를 없앴는데 키가 작아졌다면 그 유전자의 원래 역할은 키를 키우는 것이다. 그런데 어떤 일을 하는 유전자를 없애도, 그와 비슷한 역할을 하는 다른 유전자가 있을 때가 많다. 어떤 경우는 비슷한 일을 하는 유전자가 30개까지 있는 경우도 있다. 이는 비슷한 기능을 하는 유전자를 상황에 맞게 스스로 복사해서 쓰기 때문이다. 그렇게 복사에 복사를 하다가 30개까지 늘어난 것이다. 비슷한 역할을 하는 유전자가 많으니, 하나를 없애도 그 옆에 있는 다른 유전자가 그 부족함을 보충해서 성체가 되었을 때 차이를 구분해내기 어렵다. 그래서 식물은 연구할 때는 힘들지만, 활용해야 할 때는 풍부한 문제 해결 능력이 있는 것이 장점이다.

면역 시스템

식물에서 항체 의약품을 만든다고 하면 제일 먼저 받는 질문이 면역 시스템의 차이다. 식물에는 항체를 만들고 이용하는 면역 시스템이 없다. 당연히 동물에서 항체가 움직이는 길인 혈관 같은 내분비계가 식물에는 없다. 간혹 식물에 있는 물관과 체관도 관이고 통로이니 내분비계와 비슷한 기능을 하는 것 아니냐고 묻기도 한다. 물관은 정교하게 만들어진 물리적인 구조물로 죽은 조직이다. 잎에서 수분이 증발하면 뿌리에서 흡수된 물을 끌어올리는데, 이 과정에서 식물이 쓰는 에너지는 없다. 가장 키가 큰 식물은 높이가 100여 미터 내외인데, 100여 미터 위로 물을 끌어올리면서 에너지를 하나도 쓰지 않는 효율적인 시스템이다. 하지만 내분비계와는 거리가 있다.

체관은 식물 전체에 퍼져 있으며 길게 생긴 세포들이 서로 연결된 형태이다. 물관이 죽은 세포가 서로 길게 잇대어져 있는 것이라면, 체관은 반쯤 살아 있는 세포들의 연결체다. 반쯤 살아 있다고 표현한 것은 마치 적혈구처럼 세포 핵은 없지만 세포질이나 세포막은 남아 있는 형태이기 때문이다. 체관은 식물 전체에 걸쳐 분포하며 광합성 산물을 분배하거나 세포들 사이에서 신호전달물질을 유통하는 통로 역할을 한다. 이러한 통로를 통한 물질 이동은 농도 기울기를 이용하는 것으로 생각되고 있으나 아직 정확한 메커니즘은 모른다.

한편 식물에는 심장도 없다. 혈관을 따라 심장 근육의 압력으로 혈액이 퍼질 수 없다. 림프관을 통해 이동하는 내분비 시스템도 없다. 항체를 만들어도 식물 이곳저곳으로 보낼 수가 없다.

항체의 역할 가운데는 외부 감염원에 맞서 싸우는 것이 있다. 그런데 감염된 곳으로 무엇을 보낼 수 없으니 항체를 만들 이유도 없다. 식물은 대신 '독', 즉 화학물질로 된 무기를 이용한다. 독한 화학물질을 식물 곳곳에 배치한다. 식물에 침입한 외부 감염원이 곳곳에 배치된 유독 물질을 만나서 죽게 만드는 것이다.

식물의 방어 시스템은 제법 효율적이다. 식물은 외

부 공격으로부터 자신을 지키기 위해 화학물질을 만들어 화학방어(Chemical Defence)를 한다. 해로운 화학물질을 만들어 가지고 있는데, 곤충이나 동물이 식물을 먹는 등 공격을 해오면 화학물질도 함께 먹게 된다. 식물을 먹으면서 화학물질도 함께 먹은 곤충이나 동물이 고통을 느끼거나 죽으면, 그 학습 효과로 다음에는 식물을 공격하지 않을 것이다.

한편 식물은 면역 시스템의 일부로 버릴 것과 살릴 것을 구분하기도 한다. 바이러스가 침투해 식물의 잎을 공격했을 경우다. 식물이 쓰는 대표적인 방어법은 바이러스에 공격당한 잎을 잘라 버리는 것이다. 활엽수라면 어차피 가을에 낙엽으로 떨어뜨릴 것이었다. 바이러스가 더 퍼지는 것보다는 감염된 부분을 잘라 버리는 방어법을 쓴다. 나아가 식물은 바이러스가 감염된 부분의 주변 세포를 스스로 죽인다. 과민성 반응(Hyper-sensitive Reaction, HR)을 일으키는 것인데, 바이러스가 감염된 부분 주위로 독성 화학물질을 보낸다. 바이러스는 숙주가 필요한데, 주변 세포가 모두 죽어버렸으니 숙주도 없어진 셈이고, 숙주가 없어졌으니 바이러스도 퍼지지 못한다.

사람과 같은 동물은 이런 방식을 쓰기 어렵다. 동물은 한 번 만들어진 기관을 없애고 다시 만들 수 없기 때문이다. 손가락이 감염되는 바람에 절단해야 하면 손가락 없이 살아야 한다. 이렇게 기관들을 죽을 때까지 계속 써야 하므로 예민하고 복잡한 방식의 면역 시스템이 필요하다.

동물의 면역에 중요한 부분을 차지하는 항체를 보자. 항체는 바이러스 등의 체외 유래 물질이나 체내의 암세포 등에서 비정상적으로 만들어진 단백질 같은 항원 물질에 특이적으로 결합하는 단백질이다. 항체가 이러한 항원 물질에 특이적으로 결합하면 항원은 제기능을 발휘하지 못해 죽거나 분해된다. 마치 죄를 지은 범인의 손에 수갑을 채우면 범인이 힘을 쓰지 못하고 당하는 것과 비슷하다. 여기서 범인은 항원이고 수갑은 항체다.

이렇게 항체 시스템을 운용하려면 내분비 시스템

이 필요하다. 귀한 항체를 혈관에서 돌리면 쉽게 분해될 수 있으니 림프관이라는 순환계를 혈관 옆에 따로 배치한다. 동물의 몸 어딘가로 외부에서 세균, 박테리아, 바이러스 등이 침입하면 림프관을 돌아다니던 항체에 신호가 간다. 항체는 신호가 오는 쪽으로 가서 외부에서 들어온 세균, 박테리아, 바이러스 등의 항원이 해로운 활동을 하지 못하게 막는다.

항체처럼 동물이 사용하는 면역 시스템을 쓰지 않아도 되는 식물은, 내분비 시스템을 만드는 데 자원을 쓰지 않지만 방어하기 위한 통신 체계는 갖추고 있다. 외부 공격을 받은 식물은 메틸 자스몬 산(Methyl Jasmonic Acid)이라는 화학물질을 분비한다. 우리가 보통 자스민 향이라고 부르는 물질이다. 메틸 자스몬 산은 이를 생산한 식물의 다른 부위나 옆에 있는 다른 식물에 전달된다. 자스민 향을 접수한 식물은, 공격에 대비해 화학물질을 준비한다.

식물이 만드는 항암 치료제

스스로를 보호하기 위함이든, 통신을 하기 위해서든 식물의 화학물질 전략은 동물의 면역 시스템과는 다르다. 식물이 만드는 화학물질 가운데는 좋은 물질들이 제법 있어, 그대로 가져다 쓰기도 한다. 소백산 높은 지대에 올라가면 주목(朱木, *Taxus brevifolia*)이라는 나무가 군락을 이루고 있다. 주목은 천천히 자라는데, 수명이 길고, 죽어서도 원형을 오랫동안 유지하는 것으로 알려져 있다. '살아서 천년, 죽어서 천년'이라는 말로 주목을 설명하기도 한다. 실제 1,000년 넘게 산 주목이 러시아에서 발견되기도 했다.

식물이 1,000년 동안 살았다는 것은, 1,000년 동안 공격을 받지 않았다는 뜻이 아니라, 1,000년 동안 받은 공격을 모두 이겨냈다는 뜻이다. 뛰어난 방어 시스템을 가지고 있는 것이다. 살아 있는 식물은 물론이고 죽은 식물을 공격하는 것도 쉽지 않다. 식물을 공격하는 분야에서 그나마 성과를 내는 것이 흰개미 정도다. 흰개미

말고 죽은 식물의 단단한 세포벽을 공격해 성공한 사례는 귀하다. 흰개미도 스스로의 힘이 아니라 자신의 장내 미생물에 의존해서 식물의 세포벽을 분해해 먹고 산다.

주목의 껍질에는 파크리탁셀(Paclitaxel)이라는 물질이 들어 있다. 파크리탁셀은 주목에서 방어 작용을 담당한다. 과학자들은 천연물 유래 항암제를 개발하다가, 파크리탁셀이 세포분열에 필요한 미세소관 분리 과정을 방해한다는 것을 알게 되었다. 그리고 파크리탁셀의 특성은 암세포의 분열을 막을 수 있을 것이라는 아이디어로 이어졌다. 암세포는 세포분열을 멈추지 않는다. 따라서 암세포가 분열하는 시기에 환자에게 파크리탁셀을 투여하면, 세포분열을 멈출 수 있을 것이고, 암 덩어리가 커지는 것을 막을 수 있을 것이다.

파크리탁셀은 1992년 난치성 난소암 치료 물질로 승인받았다. 2019년 현재 파크리탁셀을 성분으로 하는 탁솔이라는 항암제는 유방암, 폐암, 두경부암 등의 치료제로 처방된다. 효과가 좋아 전 세계적으로 매년 2조 원어치 이상 팔린다고 한다.

그런데 주목에서 추출할 수 있는 파크리탁셀의 양은 많지 않다. 난소암 환자 1명에 처방할 치료제로 파크리탁셀을 쓰려면, 100년 된 주목 3그루를 베어내야 한다. 지구상에 있는 주목을 모두 베어도 충분한 치료제를 만들 수 없다. 그래서 주목의 세포를 실험실로 가져와 배양하고, 여기서 파크리탁셀을 추출한다. CHO 세포에서 바이오 의약품을 만들어내는 과정과 똑같다고는 할 수 없지만, 세포를 배양하고 물질을 추출해서 사용한다는 면에서는 비슷하다.

식물공장

항체는 바이오 의약품 가운데 중요한 부분을 차지하는데, 식물은 원래 항체를 만들지 않는다. 그럼 '도대체 식물에서 어떻게 항체 의약품을 만들겠다는 것이냐?'고 질문받는 것에 익숙하다. 우선 내 아이디어는 이렇다.

식물은 항체를 만들지 않는다. 그런데 오히려 식물

이 항체를 안 만드니, 식물에서 항체 의약품을 더 잘 만들 수 있지 않을까? 예를 들어 동물세포인 CHO 세포에서 항체를 계속 만들다보면, 자기가 만들어낸 항체가 CHO 세포의 생장을 억제할 수도 있다. 생물학적으로 사람과 쥐는 포유류에 속하는 동물이다. 우리가 만들려는 항체의 항원 단백질이 CHO 세포에도 있다면, 새로 만들어진 항체가 동물세포 자체를 공격해 생장을 억제하는 것이다. 이렇게 되면 바이오 리액터 속의 동물세포가 망가지고, 한순간에 항체 의약품 공장은 문을 닫아야 한다.

그런데 식물은 동물과 거리가 먼 생물이다. 식물 어딘가에서 항체가 생겨나도, 그 항체의 표적이 되는 항원이 식물에 있기 어렵다. 그러니 식물 스스로를 공격하지 않는다. 동물세포로 항체를 만드는 것은 동물세포를 속여 시스템을 빌리는 것이지만 동물세포에게 들통나면 박살난다. 반면 식물세포로 항체를 만드는 것은 식물세포가 신경 쓰지 않는 빈방에 기계를 들여놓고 공장을 돌리는 것이다. 그렇다면 식물은 항체 의약품을 만드는 것이 더 효과적이지 않을까 하는 생각이 들었다. 어쩌면 그동안 동물세포에서 만들지 못했던 약도 만들 수 있을지 모르는 일이었다.

식물에서 항체를 만들 수 있다면, 다음으로는 약으로 쓸 만큼 많은 양의 식물을 길러야 한다. 유전공학을 적용할 식물을 들판에서 기를 수는 없다. 비와 바람을 타고 퍼지거나, 곤충과 새와 동물들이 유전공학 처리가 된 식물을 퍼뜨릴 수 있기 때문이다. 따라서 통제된 공간에서 식물을 길러야 한다. 이 통제된 공간에서는 식물에 필요한 빛을 LED 전등으로 공급하고, 이산화탄소 농도, 온도, 습도 등도 조절한다. 병원균의 오염을 줄이기 위해 토양 대신 양액(養液, nutrient solution)에서 식물을 기르는데, 이 역시도 식물 상태에 따라 조절한다. 이 과정을 거치면 정량화를 할 수 있다. 항체 단백질을 만들 수 있도록 설계된 식물을 기르는 최적의 조건을 찾는 것이다.

통제된 공간에서 항체를 만들어내는 식물이 다 자라면, 수확하고 파쇄해 단백질 원액을 뽑아낸다. 필요한 항체 단백질 말고도 여러 다른 단백질이나 천연 물질이 함께 들어 있는 그린 주스(Green Juice) 상태다. 이것을 정제해 필요한 항체 단백질만을 뽑아낸다.

다음으로 독성을 확인해야 한다. 대장균에서 인슐린과 같은 의약품을 만들어낼 때 중요한 문제는 내독소(endotoxin)다. 내독소는 세균이 살아 있을 때는 나오지 않다가, 세균이 죽으면 방출되는 독성 물질이다. 내독소는 패혈증처럼 치사율이 높은 질병의 원인이 되기도 한다. 당뇨병 증상을 완화하려다가 패혈증에 걸리면 안 된다. 따라서 독성 관리가 중요하다. 식물로 바이오 의약품을 만들 때도 이런 독성 물질에 대한 관리를 해야 한다.

아이디어 1

식물에서 항체 단백질을 만드는 데는 아그로박테리움(*Agrobacterium*)을 써보기로 했다. 의약품으로 쓰기 위한 항체 단백질도 세포가 만들어내는 단백질이기 때문에, 해당 단백질을 만들어낼 수 있는 정보가 담긴 DNA부터 시작한다.

아그로박테리움은 식물에 기생하면서 자기에게 필요한 영양분을 얻는다. 어떤 이유로 식물 뿌리가 상처를 입으면, 식물은 상처 부위에 화학물질(아세토시린곤, acetosyringone)을 뿜어낸다. 아세토시린곤은 상처 부위에서 세포벽을 강화시키는 신호 역할을 한다. 그런데 아세토시린곤이 나타나면 아그로박테리움이 이 신호를 가로채 반응하기 시작한다. 화학물질과 반응한 아그로박테리움은 식물이 상처를 입은 부위로 자신의 DNA 일부를 주입한다. 식물로 침투한 아그로박테리움의 DNA는 식물이 종양을 만들도록 유전자를 조작한다. 식물 입장에서 보면 이건 뿌리에 생긴 암(근두암筋頭癌)이다.

암은 원래 자신이 만들지 않던 것을 많이 만드는 특징이 있다. 근두암에 걸린 식물은 오파인(opine)을 비정상적으로 많이 생산하며, 아그로박테리움은 그것을 영양분으로 이용한다. 아그로박테리움의 전략은 식물의 DNA를 바꾸는 강력한 것으로, 식물학자들은 식물 품종 개량에 아그로박테리움을 이용해왔다.

아그로박테리움을 이용해 식물에서 항체 단백질을 만들 수 있지 않을까? 아그로박테리움에 의약품으로 사용할 항체 단백질 DNA를 주입하고, 이 아그로박테리움을 다시 식물에 침투시키면, 식물은 항체 단백질을 생산해낼 것이다.

트라스투주맙 항체 정보가 담긴 DNA를 아그로박테리움에 넣고, 다시 아그로박테리움이 식물세포를 형질전환할 수 있게 했다. 예상했던 대로 트라스투주맙 항체 단백질이 식물에서 만들어졌다. 그런데 생산되는 양이 너무 적었다. 대량으로 재배한다고 해도 약으로 사용하기에 너무 적은 양이었다. 그래서 바이러스에서 다시 해보기로 했다. 식물에 침투하는 담배모자이크 바이러스는 강력하다. 담배모자이크 바이러스에 담배 식물이 감염되면 순식간에 잎이 노랗게 변하면서 죽는다. 속도가 빠르고, 확산이 광범위하다.

아이디어 2

동물세포에서 항체 단백질을 만들어내는 것과 식물세포에서 항체 단백질을 만들어내는 것의 차이는, 염색체까지 이용하는지 아니면 염색체가 들어 있는 방인 핵만 이용하는지의 차이다. CHO 세포에서 원하는 항체 단백질을 만드는 과정을 좀더 간략히 살펴보자. 수백만 개의 CHO 세포와, 발현시키는 항체가 코딩된 DNA 조각을 잘 섞은 다음 전기 충격을 준다. 전기 충격은 코딩된 DNA 조각을 세포 안으로 밀어 넣고, 세포 안으로 들어간 DNA 조각은 다시 핵 안으로 들어간다. 그리고 다시 핵 안에 있는 염색체에 DNA가 무작위적으로 박힌다. 어디에 어떻게 박히는지 조절할 수 없으므로, 우연히 자리를 잘 잡아 항체 단백질을 잘 만드는 CHO 세포를 골라 복제한다.

식물세포에서 항체를 만드는 것은 약간 다르다. 만들려고 하는 항체 정보가 코딩된 DNA를 아그로박테리움에 넣는다. 다음으로 아그로박테리움을 희석한 용액에 식물의 잎 부분을 담근후, 이 전체를 침윤기에 넣어 밀폐하고 진공 펌프로 공기를 뺀다. 식물의 잎은 조직의 구성이 얼기설기되어 있다. 이곳으로 이산화탄소가 들어와 광합성을 해야 하기 때문에 있는 여백이다. 진공이 되면 이 얼기설기한 부분에 있던 공기가 빠져나오고 잎의 조직은 약간 오그라든다. 다시 진공 펌프를 열면 공기가 들어가는데, 이때 잎의 얼기설기 되어 있는 부분으로 아그로박테리움 배양액이 빨려들어간다. 이를 '침윤 과정'이라고 부른다.

아그로박테리움은 자기 DNA를 숙주로 삼는 식물 세포의 핵에 밀어 넣는데, 이때 아그로박테리움의 DNA는 식물세포 핵에는 들어가지만 염색체까지 파고들지는 않는다. 식물세포 핵 안에 있는 기구들을 이용해 자기 DNA를 복제할 뿐이다. 이를 일시적 발현 시스템(Transient Expression System)이라 부른다. 덕분에 식물세포에서는 물리적인 침윤 과정만 잘 이루어지면, 그래서 핵 안까지만 DNA가 들어갈 수 있으면, 만들고 싶은 항체 단백질을 균일하게 만들 수 있다. 동물세포에 비해

한 단계가 줄어드는 셈인데, 세포주를 만들지 않아도 되기 때문에 효율 면에서는 뛰어나다. 속도 면에서도 이득이 있다. 유전자 클로닝에서 단백질 정제까지의 전체 과정은 빠르면 2~4주 정도 걸린다. CHO 세포가 4~8개월인 것에 비하면 매우 빠르다.

실험

우선 단백질을 발현시킬 기주식물과, 트라스투주맙 항체 단백질 DNA를 가진 아그로박테리움을 키운다. 약 4주 동안 기주식물은 무럭무럭 자라고 잎도 무성하게 자라났다. 아그로박테리움을 기주식물의 뿌리가 아닌 잎으로 침투시킨다. 아그로박테리움은 잎 속 세포에 자신의 DNA를 주입하고, 잎 속 세포들은 항체 단백질을 만든다. 실험 결과 아그로박테리움을 기주식물 잎 속에 넣어 트라스투주맙 항체 단백질을 만들기까지 1주 정도가 걸렸다.

침윤이 잘 되게 하려면 식물을 통제된 곳에서 기르는 것이 더 유리했다. 강한 햇빛, 바람, 비, 곤충처럼 외부 자극을 받고 자란 식물은 조직이 단단하다. 그런데 침윤이 잘 되려면 조직이 얼기설기 성긴 것이 좋다. 그래서 실내에서 되도록 스트레스를 덜 받는 방식으로 식물을 기른다. 잎이 흐물흐물하니 보기에는 나쁘지만 잎 안의 조직이 성기기 때문에 침윤은 더 잘 된다.

상상

이런 방식으로 식물을 이용해 바이오 의약품을 만들어 내는 것이 상용화된다면, 전염 속도가 빠른 유행병에 대비하는 백신이나, 항체 치료제를 만드는 데 활용할 수 있다. 캐나다에는 메디카고(MEDICAGO)라는 바이오테크가 있다. 이 바이오테크에서는 식물을 이용해 백신을 만든다. 평소에 식물을 기르다가, 빠르게 백신이 필요한 사태가 생기면 움직인다. 서두르면 2주 만에 1,500만

명이 맞을 수 있을 만큼의 백신을 만들 수 있다고 한다.

이렇게 감염병에 대응하는 식물공장 시스템은 안보의 측면에서 먼저 고려되기도 한다. 앞에서 이야기했듯이 동물세포를 이용하는 백신 생산에서 가장 큰 문제는 시간이다. 독감 백신을 대량생산하려면 최소 4개월 이상 걸린다. 그러나 4개월이면 바이러스가 변종을 일으키기에 충분한 시간이고, 확산되는 데도 충분한 시간이었다. 효과도 없는 백신을 들고 감염병이 휩쓸고 지나간 자리만 좇아다니는 셈이다.

그런데 식물세포를 이용하면 다르다. 2주 정도면 1,500만 명 정도가 접종할 수 있는 백신을 만들어낼 수 있다. 이는 식물을 기르는 데 큰 비용이 들지 않기 때문에 가능한 일이다. 미국 국방부는 에볼라 바이러스나 탄저균 등에 대비하는 항체 치료제를 식물에서 단기간에 대량으로 생산하는 프로젝트를 진행하고 있다. 감염병을 잡느냐 마느냐는 안보의 영역이기 때문이다.

당장 사람에게 쓸 수 없다면 동물에게 쓰는 방법도 생각해볼 수 있다. 조류독감, 구제역, 아프리카 돼지

열병 등은 빠르게 번지지만 살처분 말고 대응 방법이 없다. 문제는 조류독감이나 구제역에 효과를 보이는 백신이 잘 없다는 점인데, 이는 바이러스의 변종 속도를 백신 생산 속도가 따라잡지 못한다는 데 있다. 동물세포를 이용해 백신을 만들면 4개월은 걸리니, 그나마 확산이라도 막으려면 수백만 마리가 살처분되는 것을 어떻게 해볼 도리가 없다. 그러나 식물을 이용하면 1,500만 마리에게 접종할 백신을 2주면 생산할 수 있을 것이다.

항체 단백질을 뽑아내고 난 식물은 발효시켜 비료로 활용한다. 항체 의약품을 만들었던 CHO 세포는 별도의 과정을 거쳐 폐기해야 한다. 항체 단백질 DNA가 들어 있는 아그로박테리움에 감염된 식물도 그대로 폐기할 수는 없다. 대신 식물이기 때문에 발효시키면 분해된다. 그리고 발효시켜 분해하면 비료로 쓸 수 있다. 버리는 것이 없다.

재밌는 것은 항체 의약품, 유전공학처럼 아주 멀리 있을 것만 같은 이야기들이 나오지만, 실제 그것을 구현하는 것은 우리 주변에 있는 것들이라는 점이다. 기주식물의 잎에서 공기를 빼내는 장치는 군포시에 있는 공업사에 가서 주문 제작했다. 기주식물 잎에서 항체 단백질을 추출해내는 작업은 신혼부부 혼수로 인기가 많은 압착식 녹즙기를 이용했다. 잎을 잘라서 분쇄하면 식물 세포 자체가 잘리면서 걸러내야 하는 불순물이 많다. 그런데 압착기는 짜내는 방식이다. 짜내면 식물세포는 터지지 않고 항체 단백질이 스며 나오니 정제 작업에 유리하다. 그래서 아예 대형 녹즙기를 공장에서 주문제작으로 만들었다.

적용과 한계

식물에서 항체 의약품을 만들어냈을 때의 장점은 희귀병을 치료할 수 있는 약을, 적은 비용으로 만들 수 있다는 것도 있다. 항체 의약품 생산에 CHO 세포를 이용하려면 고가의 대규모 설비가 필요하다. CHO 세포를 외부 오염으로부터 안전하게 지키고, 원활하게 항체 단백질을 생산하게 하려면 비싼 장비가 필요하다. 장비가 비싸고 운용이 힘들다는 것은, 규모의 경제가 필요하다는 뜻이다. 되도록 공장을 크게 지어 생산 과정을 효율화하고 대량으로 생산하는 방향이 합리적이다. 이렇게 되면 사람들이 많이 걸리는 병을 치료하는 치료제 생산에는 좋다. 반대로 소수의 사람들이 걸리는 병의 치료제는 생산하기 어렵다. 그런데 식물을 이용하면 다른 상상을 해 볼 수 있다.

항체 단백질을 만들 때 CHO 세포를 살아 있게 만드는 것 자체가 첨단 기술이지만, 식물은 통제된 환경에서 적당한 빛과 적당한 이산화탄소와 물과 적당한 양분을 주는 것으로 족하다. 이런 형태의 식물공장 운영은 이미 농업 분야에서 상용화되어 있다. 어떤 희귀한 질병을 잡을 수 있는 항체 단백질을 개발했고, 동물실험에 성공했고, 환자들에게 처방해보니 효과가 있었다면, 이를 거대한 CHO 세포 바이오 리액터에서 생산할 수 있다. 그런데 거대한 공장을 한 번 돌려 약을 만들려면, 환자 한 사람이 부담해야 하는 비용이 수십 억 원이 될 수도 있다. 희귀한 질병이니 환자의 수가 적을 것이지만, 거대한 공장을 돌리는 비용은 같기 때문이다. 환자 한 명이 부담하는 비용이 그만큼 올라갈 수밖에 없다. 약이 있어도 비싸서 포기해야 한다.

식물은 다르다. 바깥 환경과 잘 분리된 컨테이너를 짓고, 유전자를 이식한 상추나 담배를 길러서, 정제하면 된다. 시간이 오래 걸리지도 않는다. 지금까지 계산해본 바로는 컨테이너 2개가 있으면 100kg의 식물을 길러내는 데 6주 정도 걸린다. 식물 100kg면 항체 단백질 10g 정도를 만들 수 있을 것으로 보는데, 이 정도의 양이면 환자 한 명에게 40번 투여할 수 있는 양이 될 것이다. 이 정도면 희귀병 환자들에게 적당한 가격으로 치료제를 공급할 수 있을지 모른다. 이것이 가능해진다면 희귀병 치료제에서 머물지 않을 것이다. 상상에는 돈이 들어가지 않으니 조금만 더 나가보자.

기술의 발달로 개인의 유전자 지도를 그려내는 데 50만 원 정도의 비용과 열흘 남짓의 시간이면 충분하다. 역시 과학의 발전으로 항원을 분석하고 항체를 찾고 만드는 것도 점차 빨라지고 있다. 즉 개인의 유전자를 분석해 '개인에게 특화된 질병 치료제와 항체 의약품'이라는 것도 가능할 수 있다.

그런데 바이오 의약품 분야에서 동물세포를 이용한 생산은, 셀트리온이나 삼성바이오로직스처럼 대기업들이 펼치는 규모의 경제 게임으로 넘어간 상황이다. 과학자들과 의사들은 병을 고칠 수 있는 항체를 계속 찾아내고 있지만, 임상시험에 적용할 중소 규모의 동물세포 기반 항체 단백질 생산 설비는 줄어든다. 규모의 경제 게임에 참여할 수 없는 기업은 시장에서 사라지게 마련이다. 그런데 식물에서부터 항체 의약품을 시작하면 어떨까?

과학자와 의사가 발달된 인간 유전체 검색 기술과 항체 단백질 개발 기술을 가지고 개인의 질병을 잡을 수 있는 항체를 찾는다. 둘은 식물로 항체 단백질을 만드는 식물공장에 찾아온다. 임상시험에 활용할 수 있을 만큼의 양을 만드는 데는 두 달의 시간과 컨테이너 식물공장 한두 개면 충분하다. 빠르게 임상시험을 해볼 수 있을 것이다. 생산도 마찬가지다. 컨테이너 한두 개면 환자 개인별로 평생 먹어야 하는 약을 계속 만들 수 있다. 나에게만 특화된 항체 신약을 만들 수도 있을 것이다. SF 소설 같은 이야기지만, 불과 10년 전에 전 세계 사람들이 스마트폰으로 연결될 것이라고 생각한 사람은 없었다는 점을 생각해보면, 꼭 SF소설 같은 이야기인 것만은 아니다.

예를 들어 스미스 렘리 오피츠 증후군 치료제로 부족한 7DHCR 효소를 만들어 환자에게 먹였다. 효소는 단백질이므로 위장에서 분해되는 것을 피하는 장치를 고안하거나, 분해되고도 남을 만큼 충분한 양을 먹어야 한다. 7DHCR 효소는 소화효소가 무더기로 나오는 십이지장을 거쳐 무사히 소장까지 도착한 다음, 소장에서 혈관으로 흡수되어야 한다.

물론 넘어야 할 산은 무수하다. 간세포도 문제다. 무엇이든 음식으로 먹으면 소화기관을 거치면서 대부분 분해된다. 분해되지 않고 남은 것들은 혈관으로 들어가야 하고, 혈관에 들어가면 혈액을 타고 다니다 간에 도착해 간세포 소포체(Endoplasmic Reticulum)까지 가야 한다. 소포체는 세포에서 화학 작용을 일으키는 부분이다. 몸에 필요한 화학물질 합성을 주로 담당하는데, 먹는 치료제를 만들었을 때 중요한 문제는 치료제가 간세포에 있는 소포체까지 갈 수 있어야 한다는 점이다.

그럼에도 항체, 효소 등 먹는 단백질 의약품에 대한 연구는 의미가 있다. 예를 들어 혈우병 가운데 A형 혈우병과 B형 혈우병은 피의 응고에 관여하는 팩터8, 팩터9 인자를 발현하는 유전자 이상 때문에 생긴다. 그러니 유전자를 교정하는 것이 근본적인 치료법이다. 다만 현실적으로 증상을 완화하는 치료법은 환자의 피에 부족한 팩터8 단백질과 팩터9 단백질을 넣어주는 방법이다. 문제는 공장에서 만든 팩터8 단백질과 팩터9 단백질은 비싸다는 점이다. 따라서 수술처럼 환자의 출혈이 예상될 때 미리 맞거나, 눈에 보이는 출혈이 멎지 않을 때 등 문제가 확인되었을 때 주로 투여받는다. 그러나 혈우병 환자라면 몸속에서 일어나는 내출혈 위험이 더 크다. 만약 팩터8, 팩터9 단백질을 식물에서 싸게 만들고, 먹을 수 있게 개발한다면 어떨까? 간세포 소포체만큼의 먼 여행이 아니고 혈관 속까지만 될 것이니 시도해볼 만한 일이다. 혈우병 환자는 부족한 단백질을 정기적으로 먹으면서 내출혈을 예방할 수 있는 것이다.

당 사슬을 뺀 허셉틴

동물세포가 항체 단백질을 만들어낼 때, Fc 도메인이라는 부위에 당이 사슬처럼 붙는다. 진화 과정에서 단백질에 왜 당이 붙게 되는 방식으로 정리되었는지에 대해서 정확하게 밝혀진 것은 없다. 다만 항체 단백질에 당이 사슬처럼 붙는 것과 면역반응 사이에 관계가 있다는 것까지는 알려졌다. 같은 단백질이어도 종에 따라 세포에서 발현될 때 당사슬이 붙는 모양이 다르다. 이렇게 다른 모양이 면역반응을 조절한다. 식물에서 항체 단백질을 만들 때도 고려해야 할 부분이다.

허셉틴®을 식물에서 만들때도 당 사슬 패턴 문제

를 해결해야 한다. 식물에서 허셉틴®을 만들었을 때, 당 사슬 패턴이 엉뚱하게 붙어버리면 치료는커녕 부작용을 불러올 수도 있기 때문이다. 그래서 아예 필요 없는 당 사슬 패턴이 붙지 않도록, 당 사슬 패턴 관련 유전자를 유전자 가위로 잘라내는 연구를 하고 있다. 단백질에 당을 붙이는 효소는 알파 1,3 푸코즈, 알파 1,4 푸코즈, 베타 1,2 자일로스, 베타 1,3 갈락토즈 전이효소로 4가지다. 이 효소들을 만드는 유전자를 유전자 가위로 잘라 없애버리면, 단백질에 불필요한 당 사슬이 붙지 않는다. 이렇게 되면 식물과 사람이라는 서로 다른 종 때문에 나타날 수 있는 당 사슬 패턴의 문제로 생기는 면역반응을 잡을 수 있을 것으로 예상하고 있다.

2019년 현재 가장 주목받는 유전자 가위 기술은 크리스퍼 카스9(CRISPR-CAS9)이다. 크리스퍼 카스9은 1세대 징크 핑거(Zink Finger), 2세대 탈렌(Talen) 유전자 가위 기술에 비해 가격이 1/10 이하로 싸고, 이용하기도 쉽다. 크리스퍼 카스9 유전자 가위로 유전자를 잘라내려면, 해당 유전자 염기서열과 상보적으로 결합할 수 있는 가이드 RNA(sgRNA)를 만든다. 다음으로 sgRNA에 카스9라는 단백질을 붙인다. 카스9 효소는 유전자 염기서열을 목표 위치에서 자른 후 돌연변이를 일으킬 수 있다. 이렇게 만든 유전자 가위를 세포 안에 넣어주면 sgRNA가 잘라내려는 유전자 염기서열을 찾아내고, 카스9 효소가 이를 잘라내어 없앤다. 이렇게 유전자의 한 부분이 잘려나간다는 것은 세포 입장에서는 위험한 상황에 놓이는 셈이다. 그래서 세포 스스로 사멸하거나, 잘린 유전자 염기서열 부분을 빠르게 이어 붙이려 노력한다.

만약 세포가 스스로 사멸하지 않고 서둘러 끊어진 부위를 이어붙이면, 즉 해당 유전자가 잘려나간 채로 생명활동을 이어나간다면 그 유전자가 어떤 기능을 하는지 알 수 있게 된다. 해당 유전자가 담당하던 기능이 없어질 것이니, 그 유전자의 기능을 확인할 수 있는 것이다. 한편 크리스퍼 카스9을 이용하면 유전자를 잘라낸 자리에, 원하는 유전자를 끼워 넣을 수도 있다.

유전자 가위를 이용하면 식물 세포에서 치료제로 쓰는 항체 단백질을 만들 때 문제가 되는 당 사슬 패턴을 정리할 수 있다. 유전자 가위를 이용해, 식물세포에서 항체 단백질에 당을 붙이는 효소 유전자를 없앤다. 당을 붙이는 효소가 만들어지지 않으면 당이 단백질에 붙지 않을 것이니, 면역반응은 일어나지 않을 것이다. 유전자 가위는 유전자를 잘라낼 수도 있지만 끼워 넣을 수도 있다고 했다. 환자의 몸속에 들어가서는 항체로 작동할 수 있는 이상적인 형태의 당 사슬을 붙일 수 있는 유전자를 붙인다. 면역세포 실험 결과 이렇게 당사슬의 모양을 조절하면 항체의 능력이 강해졌다.

항체 단백질에 당 사슬이 붙지 못하게 원천봉쇄했을 때 더해지는 이점은 더 있다. 항체의존세포매개세포독성(Antibody Dependent Cell Cytotoxicity, 이하 ADCC) 문제다. 항체는 항원 표면에 있는 특정 부위와 결합한다. 항체가 결합하면 해당 부위가 하던 기능이 작동하지 않는다. 허셉틴®이 암을 치료하는 원리도 마찬가지다. 암은 비정상적으로 세포가 늘어나는 현상이다. 사람이 정상적인 생활을 하려면 세포가 정상적으로 증식해야 하고, 암은 이 역할을 하는 인자에 기능

이상이 생긴 것이다. 암 환자 가운데 일부는 이 인자인 HER2(Human epidermal growth factor receptor type 2)가 비정상적으로 늘어나 있다. 허셉틴®은 HER2에 결합해 세포의 비정상적인 증식을 막는다.

항체는 항원과 결합해 항원의 활동을 막는 것 말고도 다른 일도 함께 한다. 항체가 항원에 결합하면 주변에 있던 면역세포들을 유인한다. 이렇게 불려온 면역세포는 항원을 공격하는데, 이것이 바로 ADCC다. 그런데 퓨코스 당 사슬이 없는 항체의 ADCC 능력이 당 사슬이 붙어 있는 항체보다 뛰어나다는 연구 결과가 발표되었다.

식물에서 허셉틴®을 만들 때 아예 당 사슬이 붙지 않는 방식으로 DNA를 설계하면, 면역원성을 줄이고 ADCC 능력은 높은 약을 만들 수 있을지 모른다. 암 치료 효과가 더 높아지는 것이다. 또한 동물세포에서 만든 허셉틴®에 내성이 생긴 환자에게 효과를 볼 수도 있을지 모른다. 이 아이디어를 실제 구현하는 실험은 진행 중이다.

우선 담배의 사촌쯤되는 식물로 잎이 큰 니벤타

(Nibentha)를 이용해 허셉틴®의 성분인 트라스투주맙을 만들었다. 당 사슬이 붙지 않도록 유전자 가위로 편집한 허셉틴 유전자를 함유하고 있는 아그로박테리움을 다시 니벤타 잎에 넣어 당 사슬이 최적화된 트라스투주맙을 만들었다. 그리고 이렇게 만든 트라스투주맙이 HER2가 많이 발현된 암세포를 잘 잡는지, ADCC 효과가 있는지 확인했다. 실험실 단계에서는 가설을 확인했으며, 2020년에는 HER2를 많이 발현시켜 암에 걸린 동물을 대상으로 하는 실험을 진행할 예정이다. 그래도 아직 갈 길은 남아 있다.

당 사슬 패턴과 유전자 가위를 접목해 활용할 수 있는 아이디어는 또 있다. 파브리 병을 보자. 파브리 병은 리소좀에 이상이 생겨, 지방과 당지질의 일부를 분해하지 못해 생기는 병이다. 약 10만 명에 한 명 꼴로 발견되는 희귀한 질병으로, 리소좀 안에 있는 알파-갈락토시데이스 A라는 효소가 부족하기 때문에 생긴다. 시력장애나 신부전, 신경 이상 등의 증상이 나타난다. 파리브병도 효소가 부족해 생기는 병이니, 스미스 렘리 오피츠 증후군처럼 부족한 효소를 환자에게 투여해 증상을 완화해준다. 문제는 세포 속 리소좀까지 효소 단백질을 보내야 한다는 점이다.

몸속에는 여러 물질들이 돌아다니게 마련인데, 오래된 것은 없애고 새 것은 남겨두어야 한다. 따라서 올드(old)와 영(young)을 구분해야 한다. 유통기한을 어떻게 구분해낼 수 있을까? 항체에는 당 사슬이 붙어 있다고 했다. 그런데 항체가 몸 이곳저곳을 돌아다니다 보면 붙어 있던 당사슬이 떨어져 나갈 것이다. 오래된 항체일수록 당이 많이 떨어져나갔을 것이고, 이것으로 오래되었음을 확인한 대식세포는 항체를 먹어치운다. 그리고 대식세포 속 리소좀으로 빨려 들어간 항체는 분해된다. 만약 유전자 가위를 이용해 효소에도 당 사슬을 조금만 붙여놓는다면, 대식세포는 오래된 항체라고 인식해 먹어버리고, 리소좀으로 많이 보낼 수 있을 것이다. 당 사슬 패턴과 유전자 가위의 메커니즘으로 파브리병 치료제를 개발하는 실험도 진행하고 있다.

옵션으로 붙을 수 있는 꿈들

사람의 병을 치료하는 신약을 만들려면 동물실험을 먼저 거쳐야 한다. 동물실험에는 신약 후보물질의 독성을 테스트하는 것도 있지만, 약효가 있을 것인지를 미리 점검해보는 차원도 있다. 후자를 점검하려면 그 병에 걸린 동물이 있어야 한다. 그런데 사람이 걸리는 병에 동물도 걸리는 것은 아니기 때문에, 일부러 병에 걸린 동물을 만들기도 한다. 문제는 병에 걸린 동물이 실험을 하기도 전에 죽어버리는 경우다. 예를 들어 스미스 렘리 오피츠 증후군에 걸린 쥐는 곧장 죽어버려 실험을 할 수가 없다.

그런데 같은 유전자가 식물에 있다면 이야기가 달라진다. 스미스 렘리 오피츠 증후군을 유발하는 유전자가 애기장대에 있으면 다른 애기장대보다 키가 작아질 뿐이다. 그렇다면 '유전자 질환 치료제 개발을 위한 비임상실험에, 유전자 이상이 있는 식물을 만들어 실험을 하면 좀더 안정적으로 할 수 있지 않을까' 하는 생각을

했다. 질환 식물 모델(Disease model plant) 프로젝트다.

질환 식물 모델 아이디어가 성공하려면 치료 효과를 어떻게 확인할 것인지가 중요했다. 증상과 나타나는 형태는 다르다고 해도, 호환이 되어야 실험 모델로 쓸 수 있을 것이다. 우선 난쟁이 5번 유전자를 상추에 넣어 미니 상추를 만들었다. 그리고 사람의 정상 유전자를 클로닝해 미니 상추에 다시 넣었다. 미니 상추는 멀쩡한 상추가 되었다. 반대도 가능하지 않을까? 유전자 이상으로 병을 앓고 있는 환자에게 식물에서 정상 유전자를 만들어 주입하거나 더 나아가 먹이면, 병을 고칠 수 있지 않을까? 미니 상추가 보통 상추가 된 것처럼?

난쟁이 5번 유전자를 이용한 아이디어는 더 있다. 난쟁이 5번 유전자가 없어지면 비타민 D가 합성되기 전의 물질(전구체)인 7-디하이드로캄페스테롤이 만들어진다. 비타민 D도 콜레스테롤 합성 과정에서 나오기 때문이다. 만약 난쟁이 5번 유전자를 없앤 미니 상추를 만들면, 그 안에는 7-디하이드로캄페스테롤이 들어 있다. 미니 상추를 먹으면 비타민 D가 합성되기 전 단계의 물질을 먹는 것이니, 햇볕을 덜 받고 일하느라 비타민 D 가 부족한 사람들에게 효과가 있을 것이다.

V

에필로그

선입견과 SF소설

과학은 다들 A라고 알고 있던 것을, 사실은 B였다고 밝히는 일이다. 그래서 과학에는 선입견이 없어야 할 것 같은데, 과학계만큼 선입견이 강한 곳도 드물다. 한 번 아니라고 결론이 나면 아무도 거들떠보지 않는다. '바이오 의약품은 CHO 세포에서 만드는 거야!'라고 누가 내렸는지 알 수 없는 결론이 나면, 그걸로 끝이다. 그런데 과학은 그렇게 하면 너무 재미가 없다. 아닐 수도 있고, 안 될 수도 있지만, 식물에서 바이오 의약품을 만들 수 있지 않을까? 혹시라도 만들면 사람들에게 도움이 되지 않을까? 마약 같은 이런 생각 때문에 과학을 한다.

과학은 대체로 누가 알아줄 것을 바라고 하는 것이 아니고, 돈이 될 것 같아서 하는 것만도 아니다. 국제 식물 분자 농업 학회가 있다. 전 세계에서 효소, 항체, 백신을 연구하는 과학자 300~500명 정도가 모인다. 이 사람들은 모여서 아프리카에 사는 가난한 사람, 병에 걸렸고 병을 치료할 약이 있지만 돈이 없어 약을 못 먹어 죽을 날을 기다리는 사람들, 어떻게 병에 걸렸는지도 모르고 심지어 지금 병에 걸려 있는지도 모르고 있는 사람들에게, 어떤 대책을 만들어줄 수 있을지 논의한다.

세상에 없는 것을 그렸다가 지웠다가를 반복하는 사람들이 과학자다보니 국제 식물 분자 농업 학회에 가보면 거기에서도 SF소설 같은 이야기들이 오고 간다. 예를 들어 최빈국에서는 환자에게 싼 약을 주는 것만으로 해결되지 않는다. 병에 걸리기 전에 막는 것이 중요한데, 최빈국 보건의료 시스템은 예방에도 취약할 가능성이 높다. 그래서 어떤 과학자들은 비누나 세정제에 예방약을 넣어, 일상생활에서 비누나 세정제를 쓰면 자연스럽게 AIDS와 같은 질병을 예방할 수 있는 연구를 한다. 학회에 가면 이런 이야기들이 오고 가는데, 누군가 와서 본다면 한심하다고 여길지도 모른다. 약효가 좋은 AIDS 치료제를 만들어 비싸게 팔 생각은 안 하고, 비누에 넣어 나눠줄 생각들을 하고 있으니 말이다. 그런데, 그런데 말이다. 그럴 수 있는 게 과학이다.

손 내밀 준비가 필요한 과학

힘들지 않은 병은 없다. 몸이 힘든 것은 물론이고, 마음이 힘든 것도 무시할 수 없다. 고통에 대한 공포, 죽음에 대한 두려움, 건강하지 못해 세상으로부터 소외되는 느낌 모두 환자를 힘들게 한다. 그러나 가장 힘든 것은 약이 있는데 돈이 없어 치료할 수 없는 재정 독성(Financial Toxicity)이다. 기대수명은 늘어나 살아 있는 동안 점점 더 많은 질병을 만날 것이지만, 무한정 늘어나는 의료비를 사회가 모두 감당해주기도 힘들다. 과학은 힘들 때 기꺼이 손을 내밀어야 한다.

동물세포를 이용해 혁신적인 신약을 만드는 방법은 매일매일 진화하고 있다. 여러 장점이 있고 이미 현장에서 환자를 치료하고 있다. 그러나 한계도 명확하다. 오래 걸리고 비싸다. 식물을 이용해 혁신적인 신약을 만드는 것은 아직 완벽하지 않다. 정확하게는 완벽한 것이 아니라 이제 막 시작하고 있는 수준이다. 단 시작하고 있기에 가능성이 숨어 있다. 빠르고 저렴할 수 있다는 가능성 말이다. 나의, 우리의 과학이 하지 못한다면, 미래 과학이 해낼 것이다.

현장은 언제나 절박하다. 한국에서 식물로 바이오 의약품을 만들고 있는, 이제 막 뭔가를 시작한 교수 출신 과학자를 찾아온 의사 선생님은 흥분해 있었다. 그의 흥분은 그가 만나는 환자들의 절박함을 거울처럼 비춰준다. 무엇이든, 그것이 이제 시작한 것이든 아이디어 단계이든, 희망이 필요한 사람들이 있다. 결국 희망을 찾아 현실로 만드는 것도 과학이 할 일이다.

사족

꿈의 무게에서 벗어나기 위해서

젊은이의 꿈이 꼭 실현되어야만 의미 있는 것은 아니다

이과에 간 고등학생 본인의 꿈과, 이과 고등학생 자녀를 둔 부모의 꿈은 다르기 쉽다. 부모는 아마도 자녀가 의과대학에 들어가 의사가 되기를 바랄 것이다. 이럴 때 무턱대고 부모를 탓할 수만은 없다. 이공계 대학에 가면 무얼 공부하고 어떤 일을 할 수 있을지 부모도 정보가 부족하다. 무조건 의대에 보내려는 것이 아니라, 유일하게 알고 있는 의대에 보내려는 것이다. 탓하기 전에 설명을 해줘야 한다. 의대 말고 무엇이 있고, 무슨 일을 하며, 어떻게 살아가는지. 그래서 (적당할지 모르겠지만) 아주 평범했고, 좌충우돌했으며, 실패가 더 많았던, 그리고 아직도 진행 중인 과학자 이야기를 해보려고 한다. 내 이야기다.

내가 과학을 하게 된 계기에 원대한 꿈이나, 꿈을 이루려는 극적인 노력 같은 것은 없었다. 상황이 주어졌고, 그 상황을 적당히 받아들여 작은 도전을 해가는 과정이었다. 인생에 멋은 없지만, 멋이 없다고 재미와 의미도 없는 것은 아니다. 그런데 선생 노릇을 하다보면, 스스로 꿈이 없다며 힘들어 하는 학생들을 볼 때가 있다. 그럴 때 '나는 꿈이 없는 네가 좋다. 적응하며 살아가는 것도 인생이다. 주어진 상황에 적응하고, 관계를 만들고, 그 속에서 기회를 찾는 것도 결코 나쁘지 않다. 멋들어지게 자란 소나무 한 그루가 자기가 원해서 꿈을 가지고 그 자리에서 그렇게 자랐나? 주어진 상황에서 움이 돋고 주변 환경에 적응하기도 하고 이겨내기도 하면서 삶을 이어온 결과다. 꿈에 집착하지 않으면 무엇보다 힘이 덜 든다. 인생이 긴데, 계속 힘을 주며 살 수는 없는 노릇이다.'라고 말해준다.

꿈은 때로 고통을 연장시킨다

나는 고등학교 때 전자공학과에 가고 싶었다. 1983년에 대학에 가려면 '학력고사'라는 시험을 봐야 했다. 지금 수능과 어느 정도는 비슷한 시험이었다. 학력고사를 보러 갔는데, 자리 운이 없었다. 내 뒤에 앉은 수험생이 나에게 답안을 보여 달라고 협박 같은 요구를 했다. 자기가 알아서 베낄 테니 답안지를 가리지만 말라고 했다. 솔직히 두려웠다. 답을 가렸다가 해코지 당할지 모르는 일이지 않은가! 답안지를 넘겨주는 등 위험한 일을 할 필요는 없었지만, 바로 등 뒤에서 일이 벌어지고 있다는 생각하니 시험에 집중할 수 없었다. 물론 점수도 억울하게 나왔다. 첫 번째 만난 큰 실패였다.

억울한 마음에 재수를 하려 했지만 집에서는 반대했다. 재수는 돈이 더 들어가는 일이었다. 경제적으로 어려운 상태의 부모님은 하루라도 빨리 대학을 마치게 하는 것으로, 나에 대한 경제적 지원도 멈출 계획이었다. 집에서는 내가 원하지 않던 대학, 원하지 않던 과에 등록을 해버렸다. 재수를 하든 말든 일단 등록하고, 그 다음에는 네가 알아서 하라는 뜻이었다. 그러나 입학식을 하기도 전에 휴학을 하겠다고 교무과에 찾아갈 정도로 나도 재수에 대한 뜻이 강했다. 적어도 내가 공부한

만큼의 점수는 받고 싶었다. 1년 간 재수생활을 마치고, 다시 학력고사를 보았고, 이번에는 반드시 전자공학과를 가겠다고 마음먹었다. 그러나 두 번째 실패가 기다리고 있었다.

전자공학은 이공계에서 당시 가장 인기가 많았던 전공 가운데 하나였다. 그 전까지는 물리나 화학과가 인기가 많았는데, 정부의 산업정책이 중화학공업 쪽으로 쏠려 있었기 때문이었다. 그런데 전자 쪽으로 산업이 흐름이 바뀌고 있었다. 다들 전자공학을 하고 싶어 했고, 나도 마찬가지였다. 그런데 이번에는 졸업한 고등학교에서 대학입학 원서에 도장을 찍어주지 않았다. 내 성적에 맞는 대학과 내가 원하는 과가 있었지만, 고등학교 교장선생님이 원하는 대학이 아니었다.

어쩔 수 없이 나는 1지망으로 약대를 쓰고, 2지망으로 식물학과를 썼다. 2지망이었던 식물학과는 무엇을 하는 곳인지도 모르고 그냥 쓴 것이었다. 약대를 1지망으로 쓴 것도 말도 안 되는 이유에서였다. 정확한 합격 커트라인도 모르면서 직전 해에 미달이 났다는 것만 보고 안전권이니 원서를 쓰라고 강요받은 것이다. 다음 이야기도 예상대로 흘러간다. 적어도 뭘 배우는지는 알고 지망한 약대에 떨어지고, 어떤 과인지도 모르는 식물학과에 합격했다. 나는 솔직히 식물학과가 너무 마음에 들지 않았다. 그 과에서 배우는 것에 대해서 몰라서였다. 그렇다고 삼수를 선택할 수도 없었다. 별 수 없이 식물학과에 입학했다.

전자공학과에 미련이 있었던 나는 과를 옮겨야겠다고 생각했다. 과를 바꾸려면 성적이 좋아야 했는데, 1984년의 대학은 적어도 내겐 공부할 수 있는 분위기는 아니었다. 그 당시에는 병영집체훈련이라는 것이 있었다. 대학교 1학년은 문무대로, 2학년은 무조건 전방에 있는 군부대에서 일주일씩 보내 생활하게 하는 제도였다. 대학생들은 전방입소 정책에 크게 반대했다. 강제군사훈련에 반대하며 스스로 목숨을 끊기도 했으니 말이다. 권위주의 정권에 반대하며 수업을 거부하기도 하고 시험을 거부하기도 했다. 나도 동참했다.

당시 학칙에는 학사경고를 두 번 연속으로 받으면

학교에서 잘렸다. 내 입학 동기 26명 가운데 5명이 학교에서 잘렸고, 나도 학사경고를 받았다. 과를 옮기는 것이 문제가 아니라 학교에서 쫓겨나게 생긴 것이다. 일단 휴학하고 어떻게 할지 고민을 시작하던 끝에, 좀더 멀리 바라보고 대학원에 가기로 마음먹고 다시 공부를 시작했다. 대학원에 다니려면 돈이 많이 들어갈 것 같았다. 그래서 등록금이 없는 대학의 대학원을 목표로 삼았지만 여기서도 낙방했다. 세 번째 실패다.

그러다 운이 좋게 모교 대학원에 입학할 수 있었다. 대학원 지도교수님은 당시로서는 최첨단 학문인 분자생물학(molecular biology)을 연구하던 분이었다. 20대에 맞이한 첫 번째 운 좋은 상황이었지만, 그놈의 전자공학 병이 다시 도졌다. 석사를 마치고 박사로 넘어가는 시점이었는데, 기업에 취직하기로 한 것이었다. 당시 전 세계 대형 컴퓨터(main frame) 시장을 장악하고 있던 외국계 기업이었다. 그 외국계 기업은 앞으로 모든 분야에서 컴퓨터가 사용될 것이라 내다보고 거의 모든 분야를 전공한 신입사원을 뽑았다. 음악, 미술, 체육 등 사실상 거의 모든 분야의 전공자를 뽑다 보니 식물학과 출신도 뽑은 것이었다. 다만 나와 입사 동기들은 전자공학이나 프로그래밍과는 무관한 마케팅 교육을 받았고, 그나마도 컴퓨터 시장이 대형 컴퓨터에서 개인용 컴퓨터로 바뀌면서 구조조정 우선 대상이 되었다. 네 번째 실패였다.

나는 다시 식물로 돌아오기로 했다. 회사에서 받은 퇴직금을 가지고 유학을 가기로 한 것이다. 다시 식물을 공부하러 미국 유학에 간다고 하니, 함께 회사를 다니던 선배들은 뜯어말렸다. 미국에 가면 바이오를 전공하고 일자리를 구하지 못해 놀고먹는 박사가 얼마나 많은지 알고 있냐며, 절대 가지 말라는 것이었다. 두렵기는 했지만, 공부를 마무리해야겠다는 생각 정도로 비행기를 탔다. 그런데 그곳에는 전혀 새로운 일들이 기다리고 있었다.

기회는 꿈에 있는 것이 아니라 경험에 있다

나를 지도해주던 교수님은 유전체학을 연구하고 있었다. 유전학자였던 지도교수님과 나는 애기장대를 가지고 무작위적인 돌연변이를 만들고 원하는 표현형을 찾기를 반복하다가 난쟁이 5번(*DWARF5 5*) 유전자에 대한 사실도 알게 된 것이다.

이런 연구는 당시에는 순수과학으로 분류되던 것이었다. 그런데 지도교수님은 창업가적 기질이 강했다. 과학이 사회에 도움이 되려면 학교 담장을 넘어가야 하는데, 담장 밖에서 과학을 받을 곳은 기업이라는 것이었다. 지도교수님은 회사 창업을 돕겠다며 휴직했다. 나는 1년 후면 박사과정을 마칠 수 있었기에 당황하기는 했지만, 뭔가 있을 것 같아 교수님의 행보를 지켜보았다.

회사가 있던 LA와 대학원 실험실이 있던 애리조나 투손을 매주 오가면서 교수님은 내 박사학위를 지도해주셨는데, 결국에는 나를 회사로 불렀다. 회사는 모두 스무명 남짓이었는데, 사업 모델은 간단했다.

당시에는 특정 유전자의 mRNA 한쪽 끝을 부분적으로 읽어내어 해당 유전자의 전체 기능을 예측하는 EST(expressed sequence tag) 연구가 일반적이었다. 그런데 이렇게 하면 기업 지식재산권의 핵심인 특허를 받기 어려웠다. 그래서 우리 회사에서는 특정 유전자 mRNA 서열 전체를 읽어내어 그 정보를 정리하고, 이 정보로 특허를 받기로 했다.

우리는 애기장대 유전자 5,000개의 전장 정보를 모두 읽어내고, 변리사와 협의해 특허 출원 준비를 했다. 지금처럼 이메일에 파일을 첨부해서 제출하는 등의 방법은 쓸 수 없던 때였다. 큰 트럭을 빌려 특허 출원이 가능할 것 같은 것 수백 건에 대한 서류와 자료를 싣고, LA에서 출발해 미국 대륙을 횡단해 워싱턴 DC까지 갔다.

그런데 전 직원 스무명 남짓의 회사가 벌이고 있는 이 발칙한 일에, 전 세계 GMO 종자 시장을 석권하고 있던 다국적 종자회사가 관심을 가졌다. 이 회사는 GMO 종자를 개발해서 농부들에게 파는데, 우리가 모든 유전자 정보의 특허를 내면 나중에 엄청난 로열티를 지불하는 일이 올 수도 있다고 생각했다. 우리는 찾아온 협상 팀과 수개월 동안 논의를 거듭했고, 결론은 나쁘지 않았다. 5년 동안 1억 3천만 달러를 투자받기로 한 것이다. 투자의 조건은 주식이나 지분을 주는 것이 아니라, 우리 연구의 데이터베이스를 정기적으로 열람할 수 있는 권리, 우리 연구를 정기적으로 보고서로 작성해 받아가는 것, 우리가 개발한 것 가운데 그 회사가 원하는 기술을 우선적으로 협상해서 구매할 수 있을 것이었다. 2001년의 일이었다.

나는 건달에게 맞을까 두려워 대학입시에 실패하고, 재수를 했지만 원하는 과에 들어가지 못하고, 대학원에 낙방하고, 꿈이라 생각했던 도전에는 매번 실패했다. 20대를 통틀어 마음먹은 대로 된 일은 정말 거의 없었다. 그러나 과학자로서 의미 있는 삶을 살고 있다. 나를 지도해준 교수님이 했던 것처럼, 학교 안의 연구를 학교 밖으로 가지고 나와 사람들에게 도움이 될 수 있도록 기업을 하고 있다. 지금 꾸는 꿈이 늘 그대로 이뤄지는 것은 아니다. 꿈을 이루지 못했다고 좌절할 것도 아니다. 유연성을 잃지 않는 게 생물의 본능이다. 물론 꿈이 없다고 불안해 할 필요도 없다. 오히려 한 가지 꿈에 사로잡혀 주변을 둘러보지 못하는 것이 더 위험하다. 내가 전자공학을 하겠다는 꿈을 끝까지 포기하지 않았다면 어땠을까? 해보지 않은 일에 대해 섣불리 예상할 수는 없지만, 고통이 조금 더 길어지지 않았을까?

참고문헌

Arabidopsis Genome Initiative (2000), "Analysis of the Genome Sequence of the Flowering Plant *Arabidopsis thaliana*." *Nature* 408, no. 6814 (2000) : 796 – 815.

Choe, S., Atsushi Tanaka, Takahiro Noguchi, Shozo Fujioka, Suguru Takatsuto, Amanda S. Ross, Frans E. Tax, Shigeo Yoshida, and Kenneth A. Feldmann. "Lesions in the Sterol Δ7 Reductase Gene of Arabidopsis Cause Dwarfism due to a Block in Brassinosteroid Biosynthesis." *The Plant Journal* 21, no. 5 (2000): 431-443.

Hiatt, Andrew., Robert Cafferkey, and Katherine Bowdish. "Production of Antibodies in Transgenic Plants." *Nature* 342, no. 6245 (1989): 76-78.

Junttila, Teemu T., Kathryn Parsons, Christine Olsson, Yanmei Lu, Yan Xin, Julie Theriault, Lisa Crocker, Oliver Pabonan, Tomasz Baginski, Gloria Meng, Klara Totpal, Robert F. Kelley, and Mark X. Sliwkowski. "Superior In vivo Efficacy of Afucosylated Trastuzumab in the Treatment of HER2-Amplified Breast Cancer." *Cancer Research* 70, no. 11 (2010): 4481-4489.

Kim, Hyongbum and Jin-soo Kim. "A Guide to Genome Engineering with Programmable Nucleases." *Nature Reviews. Genetics* 15, no. 5 (2014): 321-334.

Robert D. McFadden. "Frances Oldham Kelsey, Who Saved U.S. Babies From Thalidomide, Dies at 101." The New York Times, August 7, 2015.

Rothenberger, Otis and Thomas Newton. "Natural Products: The

Discovery and Synthesis of Taxol.", Libre Texts. (2019.06.03. 수정, 2019.10.15. 접속), https://chem.libretexts.org/Under_Construction/Book%3A_Chemagic_(Newton_and_Rothenberger)/Natural_Products
Wani, Mansukh C. and Susan Band Horwitz. "Nature as a Remarkable Chemist: A Personal Story of the Discovery and Development of Taxol." *Anti-Cancer Drugs* 25, no. 5 (2014): 482-487.